生命科学・生物□

JN124651

間違いから学ぶ実践統計解析

R・Pythonによるデータ処理事始め

川瀬 雅也・松田 史生　著

KDD
近代科学社Digital

はじめに

　本書は『間違いから学ぶ実践統計解析』として日本生物工学会和文誌に 2016 年から 2021 年まで休載を挟みつつ隔月掲載された記事を単行本化したものである（単行本化にあたって練習問題，および「まとめ」を追加した）．連載時から想定していた読者は「日々の研究で取得したデータの統計解析を行う必要に迫られているが，学生時代に受けた統計やプログラミングの講義の記憶は薄く，一念発起して統計解析の教科書，参考書を買って読んだりはしたものの，途中で挫折したバイオテクノロジーおよびその関連領域の現役研究者，技術者，学生」である．

　これらの想定読者に向け，本書は統計解析法の理論的背景をおさらいするという目標を掲げ，

- 読者の日々の研究と，統計解析の（昔勉強したけどあまり覚えていない）知識をつなげるべく，バイオ研究でありがちな統計解析の失敗の具体例を挙げ，その解決法を考える形式をとった．
- 解析手順を実行する簡単な R および Python スクリプトを記載した．日々の研究課題を統計解析の知識を使って解決する手段を示した．なお，Python スクリプトは近代科学社 WEB サイトのサポートページからダウンロードできる．
- まずは最後までたどり着くことを重視し，統計解析の解説を大胆に簡略化した．たとえば「第 2 章　正規分布を極める」の表 2.2 に掲載した正規分布表は，有意水準 α が 0.05 と 0.01 の 2 項目に絞っている．さらに登場人物の会話形式とした．
- Python モジュールの活用法として，ネット検索でモジュールの活用法を調べる方法を紹介した（第 16 章，第 20 章）．
- バイオ研究で重要となる実験デザインに関する話題を重点的に取り扱った（第 3 章，第 11 章，第 19 章，第 23 章，第 24 章）．

本書の上手な活用法は

- まずは R と Python をインストールし（第 1 章，第 13 章），本書に掲載されている例題のスクリプトを入力し，動かしてみる．どのように動くのかを理解する．
- 得られた結果の解釈に関する本書の解説内容を理解する．解析手法の原理等に関する疑問点は（おそらく読者の本棚に眠っている）解説書を参照されたい．
- 例題のデータを，自分の研究のデータに入れ替え同じことをしてみる．次の実験をデザインしてみる．
- 論文等で気になった最新手法の実行法をネット検索で調べ，自分の研究のデータで試してみる．第 22 章で深層学習と t-SNE の例を挙げた．

　なお，本書の練習問題は，決まった答えのある問題ではなく，各自が学んだ知識の整理や，さらに進んで考えるための助けとなることを目指している．自習課題ととらえていただきたい．

　簡単なプログラミング技術と統計学の考え方は，現代の「読み書きそろばん」におけるそろばんに相当する，一生もののスキルである．あとは，それを自分の研究に活用して実践し，ネット等の情報を吸収しながら拡げていただきたい．近年そういうことができる研究者，技術者を「データサイエンティスト」「AI 人材」「バイオ DX 人材」などと呼ぶそうであるが，そんなこと

よりも，PC 一台あればコタツで紅白歌合戦を見ながらでもできてしまうにも関わらず，統計解析が研究データから新しい解釈や，発見を得るための，ワクワクするツールであることを，幅広い読者が知る一助に，本書がなれば幸いに思う．

本書の連載時および単行本化時にご尽力いただいた，日本生物工学会和文誌担当柏木歌織さん，近代科学社の伊藤雅英さんに謝意を表したい．文中ご協力いただいた日本生物工学会バイオインフォマティクス相談部会に御礼申し上げる．また，学会誌としてはかなり異例のスタイルを持つ本連載を力強く後押しし，受け入れてくださった日本生物工学会和文誌編集員長，岡澤敦司先生（大阪府立大学），日本生物工学会和文誌編集部の先生方，および日本生物工学会会員の皆様の度量の大きさに，改めて感謝申し上げたい．この懐の深さこそが，さまざまなフロンティアを開拓しながら，今年設立 100 周年を迎えた，日本生物工学会の原動力の一つであり，輝ける次の 100 年へ向けて未来社会をバイオテクノロジーで拓く礎になると確信するものである．

2021 年 11 月

川瀬 雅也・松田 史生

目次

第 2 部　Python でも統計解析を行えるようになろう

第 3 部　　統計解析の基本を見直そう

第1部

Rを使って統計解析を行おう

第 1 章　平均値にご注意を

　本書は，「生物工学分野の研究成果報告のデータ処理にありがちな誤りを他山の石として，統計処理法の理論的背景をおさらいする」ためのものである．何故，このような書籍を計画したかというと，以前から実験結果の科学的評価に必須のツールとなっている統計処理法は，独特な概念に基づくため，誤って使ってしまうことも多々ある．そして，統計ツールの正しい使い方を求めて，統計学の教科書をひもといても，母集団，信頼区間，確率分布，有意水準といった不可思議な概念の壁の前で呆然とするのみである．そこで，統計学を一通り学習した生物工学系研究者が統計ツールを活用する一助とすべく本書を表した．より実践的にするために，生物工学系の研究室で卒業研究を始めたばかりの A さんと研究室の先輩で院生の B 君と一緒にデータの処理法を，X 教授から学ぶという形式をとる．

　まず，本題に入る前に，本書の基本的な立場をお伝えしたい．まず，本書だけでは統計学を理解できないと思うので，必ず，統計学の教科書をご用意いただきたい．それと，PC もご用意いただきたい．PC の OS は何でもいい[1].

1.1　計算は PC に任せる

　数理統計学の先生に見せれば，烈火のごとくお怒りになるタイトルかと思う．現実を見れば，データの統計処理を手計算でやっている方は皆無と思われる．本書の前半では "R" というフリーソフトを用いる [1]．R については多様な書籍 [2] や WEB サイト [3,4] が存在しており，適宜そちらを参照していただきたい．ここでは，すでに，皆さんの PC に R がインストールされているとして話を進める．詳しいインストール方法は上記の書籍や WEB サイトを参照いただきたい．後半では Python を用いるが，Python のインストール法や使いかたは，改めて後半で解説する．

1.2　データ処理事始め

　卒業研究の最初の実験として，A さんは大腸菌のコンピテントセルを作成することになった．指導教官は，その教育係として先輩の B 君をあて，2 人で並行してコンピテントセルを作成し，空ベクターでの形質転換効率を比較するように指示した．かっこいいところを見せたい B 君は負けるわけにはいかない．A さんも 1 日も早く一人前になろうと必死だ．2 人は同じストックから大腸菌をそれぞれ培養し，同一のプロトコルでコンピテントセルを作成した．2 人とも，三つに小分けしたコンピテントセルに同じ空ベクターを導入し，3 枚の選抜培地プレートで一晩培養した．翌朝，見事に形質転換体のコロニーが観察された．その数は表 1.1 のようになった．

表 1.1　コロニー数

A さんのコンピテントセル	B 君のコンピテントセル
15, 19, 22	15, 19, 28

1　Windows, Mac, Linux で確認済み．ChromeOS では未確認

B君：2 人のデータの平均をとってみようか.

A さん：私と先輩の作ったコンピテントセルのプレート当たりのコロニー数の平均値は，それぞれ，18.7 個と 20.7 個と先輩の方が多いですね.

B君：（よっしゃー. 先輩のメンツが立った！）

A さん：けど先輩！ 3 枚のうち 2 人の違いは 3 枚目のプレートだけなんですけど，これだけで差があると言っていいですか？ 統計学の講義では，平均がデータの代表値として使えない場合もあると習ったんですが，この場合はどうなんでしょうか？ あと，ばらつきの代表値の標準偏差などは考えなくていいんですかね？

B君：え … あ，そうそう，うーんと ….

　向学心に燃える A さんは，頼りにならない先輩にあきれるでもなく，データ分析の専門講義を担当している叔父の X 教授（同じ大学に勤める）に相談しようと思い立ち，2 人は X 教授の研究室を訪ねた.

1.3　データを読み解く

　A さんは X 教授への挨拶もそこそこに，B 君を紹介しこれまでの事情を説明した.

X 教授：なるほど. 3 反復の実験から得たデータの平均をとったわけだね. でもこの結果から B 君作成コンピテントセルが優れていると評価できるかな？

A さん：そうなんです. B 先輩とまったく同じ操作をしたのに結果に差があるというのは納得いきません.

X 教授：そうだねぇ. でも，そもそもどうして同じ実験操作をしたのに，3 反復で結果が異なったのだろう？

B君：実験誤差というやつですか？

X 教授：それそれ. 同じ実験をしたつもりでも実験操作の微妙な差によって，結果にばらつきが生じてしまうんだね. そうだねぇ. いい機会だからもうちょっとデータを追加してよく考えてみようか.

　X 教授は，友人でもある 2 人の指導教官に了解を得た後，同じ実験を 20 反復で行うよう 2 人に勧めた. B 君は「20 反復の実験なんて普通しないよ …」とぶつぶつ言っていたが，がぜんやる気の A さんに押し切られる形で，実験室に戻って再実験を行い，翌朝表 1.2 の結果を得た.

表 1.2　再実験のコロニー数

A さんのコンピテントセル	B 君のコンピテントセル
15, 19, 22, 16, 18,	15, 19, 28, 29, 20,
21, 25, 17, 18, 17,	21, 20, 21, 21, 27,
16, 14, 11, 12, 19,	17, 19, 22, 23, 22,
13, 13, 10, 18, 12	21, 23, 25, 19, 21

早速結果を持って X 教授のところに行くと，X 教授はノート PC の‘R’を起動し，R で平均をとる方法を説明しはじめた．R のコンソールで，次のようにデータを入力する．

データ名を適当に付け（ここでは A と B）"A <- c( )"のカッコ内にデータを書き込めばいい．

```
> A <-c(15, 19, 22, 16, 18, 21, 25, 17, 18, 17, 16, 14, 11, 12, 19, 13, 13, 10, 18, 12)
> B <- c(15, 19, 28, 29, 20, 21, 20, 21, 21, 27,17, 19, 22, 23, 22, 21, 23, 25, 19, 21)
```

平均は mean（データ名）で求めることができる．

```
> mean(A)
 [1] 16.3
> mean(B)
 [1] 21.65
```

A さん：（ちょっとショック）そんな … どうしてなんでしょうか？

X 教授：ややこしい話は後にして，まず，実験データの見方を紹介しよう．度数分布表とヒストグラムを知っているかね．

A さん：習ったような気がしますが，覚えていません．

X 教授：度数分布表とは，コロニーの数が 17 個だったプレートが何枚あったかという形でまとめた表のことだ．R ではこのようにすればいい．

```
> table(A)
A
10  11  12  13  14  15  16  17  18  19  21  22  25
 1   1   2   2   1   1   2   2   3   2   1   1   1
> table(B)
B
15  17  19  20  21  22  23  25  27  28  29
 1   1   3   2   5   2   2   1   1   1   1
```

この結果を見やすくグラフ化したものがヒストグラムになる．R では hist（データ名）でヒストグラムを書くことができる．両方のヒストグラムを示しておく（図 1.1，1.2）．R で書かれたグラフを載せておくので，横軸は各々の度数分布表と対比させていただきたい．どうかね？

A さん：先輩のデータは歪ですけど平均値に近いプレートの数が多いけど，私のデータは右下がりで，全然違う形です．

X 教授：このようにヒストグラムにするとデータの特徴がよくわかるんだ．統計的には二つのデータは分布が異なるみたいだね．次に四分位も見てみると平均の意味がよく分かると思うよ．

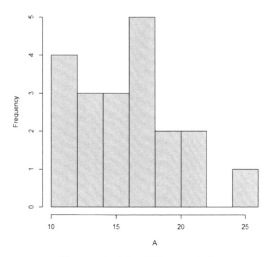

図 1.1　A さんの結果のヒストグラム

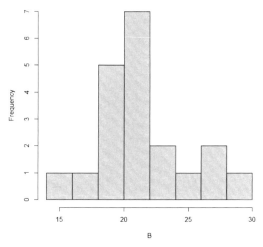

図 1.2　B 君の結果のヒストグラム

　四分位とはデータを小さい値から順番に並べたとき，データの 25 % 目の値を第 1 四分位，50 % つまり真ん中の値を第 2 四分位（中央値やメジアンともいう），75 % 目の値を第 3 四分位というわけで，第 1 四分位と第 3 四分位の値の差を四分位範囲という．R では summary コマンドを使う．

```
> summary(A)
  Min.  1st Qu.  Median   Mean  3rd Qu.  Max.
 10.00   13.00   16.50   16.30   18.25  25.00
> summary(B)
  Min.   st Qu.  Median   Mean  3rd Qu.  Max.
 15.00   19.75   21.00   21.65   23.00  29.00
```

　Qu は四分位の意味であり，Median は中央値である．

　中央値はデータ数が偶数の場合二つの数がそれにあたるので，二つの数の平均を中央値とする．各四分位の値も同じように比例配分により小数になることもある．この結果を図にしたものが箱ひげ図（図 1.3）である．

```
> boxplot(A,B)
```

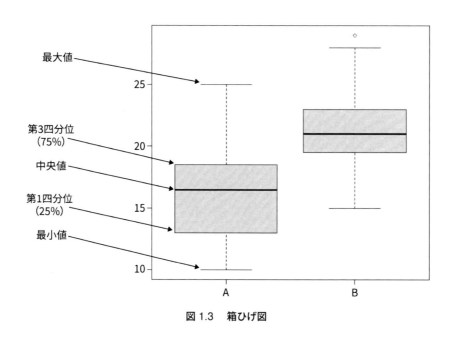

図 1.3　箱ひげ図

　ヒストグラムと箱ひげ図は基本的に同じ情報を与えるもので，どちらか一方を使えばよい．箱の上端が第 3 四分位で下端が第 1 四分位である．箱から伸びたひげに当たる部分の下限が最小値，上限が最大値となるが，R では箱の上端もしくは下端から四分位範囲の 1.5 倍以上離れたデータを外れ値[2]として ○ で示すので注意されたい．また，箱の中にある太線は中央値を示している．

X 教授：実験がうまくいっていることを確かめるには，データの分布が大事になってくるんだ．昨日，データがばらつくのは実験誤差があるからだという話をしたけど，もし実験操作がうまくいっていれば，実験操作の各段階でランダムに生じたわずかな誤差が積算されて実験結果に反映されるはずだ．このランダムな実験誤差によっておきたばらつきは，中央値を中心にして均等に大小両方向に広がった，左右対称の釣鐘型に近くなるんだ．平均値は中央の度数最大のグループの階層にあると見てよい．このような場合は平均値を見ると「この部分にデータが集

2　ここでは外れ値としているのは R 上での外れ値の意味である．実際の外れ値の判定は難しく，改めて解説する．

まっているのか」「データの分布の中心は」という感じで，データの特徴を平均で記述できる
わけなんだ．B 君のデータがこれに当たるね．生物工学分野で行われる実験はきちんと行え
ば，こういう正規分布に近いデータが得られると考えていいんじゃないかな．

A さん：私のデータはなにか問題があるってことですか．

X 教授：その通り．こういう場合の平均はデータ集団の特徴を表しているとは，とても言えな
い．そして，実験操作にランダムじゃない，系統的な誤差があったことを示している．実験操
作がサンプル間で不均一になっていたと思うんだけど，なにか心当たりはあるかな．

B 君：そうそう，混ぜるときにそっとするとか，温度とかちょっと気になってたところがあった
んだよね．

A さん：なるほど．帰ったらまた教えてください！　先輩！

X 教授：平均値の上手な使い方は，生物工学会誌でも以前紹介されているので [6]，読むと勉強
になるよ．それから，データの分布が正規分布じゃないとき中央値や，もっとも出現頻度が高
い値（最頻値；モード）が平均に代わって用いられることがときどきあるから覚えておこう．

1.4　平均の話

B 君：でも先生，JBB の論文で 20 反復の実験とか，中央値が載っている論文って僕は見たこと
ありません．3 から 5 回反復した実験の平均値に，標準偏差のエラーバーが表記されているの
が普通ですが，これって全部ダメ，ってことなんですか？

X 教授：生物工学分野ではコストと労力の都合で，3 回反復くらいしか実験ができないことが多
いからねぇ．でも，さっきも言ったように，きちんと実施した実験から得られたデータは正規
分布に近くなると仮定できる．この場合，実験データを，2 種類の代表値（平均値と標準偏
差）に実験の反復数をつけて，記載することは間違いどころかむしろ正しい．

A さん：じゃあ私たちの実験も 20 反復もしなくてもよかったってことでしょうか？

X 教授：いやいや，そうじゃないんだ．平均値と標準偏差と反復数だけでいいのは，データがき
ちんとした実験から得られて正規分布になると仮定できるとき「だけ」なので注意しよう．論
文に出てくるようなデータは，そう仮定できるという暗黙の前提があるんだな．けれど，その
仮定が怪しいんじゃないか，という日々の研究で出てくる今回のようなケースでは，データが
本当に正規分布になっていることを確かめる必要があるけど，それには，3 反復の実験データ
では足りないんだ．ヒストグラムで分布を調べるためには，最低でも 20 反復くらいないとわ
からないだろ．

A さん：けど，毎回 20 反復の実験は大変ですよね．

X 教授：毎回確認する必要はないよね．新しく実験系を立ち上げたとき，初めてやる実験のとき
に多数反復して，正規分布に近くなることを 1 回確認しておけば，以降は仮定でいいんじゃな
いかな．

B 君：なるほど，実験データがおかしいときなんかにも多数反復して正規分布になるか確かめれ
ば，問題点を突き止めるのにいいかもしれないですね．

1.5　平均値の比較

X 教授：何となく，感じはつかめたかね．

A さん：はい．やはり，平均と標準偏差が大事なんですね．

X 教授：平均と標準偏差は，正規分布の形を決める重要な量になる．生物工学分野で得られるデータは，正規分布に近い場合が多いので，これをまず計算するんだ．

A さん：R で平均の計算法は教えてもらったんですが，標準偏差はどうすればいいんですか．

X 教授：標準偏差は不偏分散から計算できる．

$$\text{不偏分散}：\sigma^2 = \frac{1}{n-1} \sum (x_i - \overline{x})^2$$

X 教授：この量は不偏分散とよばれる量で，$\overline{x}$ は平均，x_i は個々のデータ，n はデータ数を表している．また，標準偏差は分散の平方根をとったもの（正の値）となる．R は関数電卓のように数式を入れても計算ができるが，ちゃんと分散や標準偏差を計算する関数が用意されている．先ほどの B 君のデータを使って計算してみよう．

```
> var(A)
 [1] 15.16842
> var(B)
 [1] 12.23947
> sd(A)
 [1] 3.894666
> sd(B)
 [1] 3.498496
```

また，繰り返して実験を行った場合，各回の平均は当然ながら同じではない．この平均の変動の様子を表すために標準誤差（平均の標準偏差）を求めることもある．

```
> sqrt(var(A)/length(A))
 [1] 0.8708737
> sqrt(var(B)/length(B))
 [1] 0.7822875
```

ここで，sqrt は平方根をとる関数，length( ) はカッコ内のデータのデータ数を求める関数だ．

B 君：標準誤差って聞いたことあります．標準偏差よりもエラーバーが短くなるから，データに有意差があるっぽく見えるって誰かが言ってました．

X 教授：むむ．それは聞き捨てならないな．標準偏差と標準誤差では，意味が全く違うんだ．それから，最初相談に来たとき，平均値が大きいから，いいコンピテントセルだと言ってたけど，これも正しい統計の使い方じゃない．次回は，その理由を正規分布と母集団から説明するから，覚悟しておいで．

A さん（うれしそうに）・**B 君**（ちょっとびびり気味で）：よろしくお願いしまーす．

1.6　練習問題

問 1.1　箱ひげ図を使うメリットを調べてみよう．

問 1.2　データ数が少ないと判断を誤る可能性が大きくなる．この理由を考えてみよう．

参考文献

[1] R Core Team (2015). R: A language and environment for statistical computing. R Foundation for Statistical Computing, Vienna, Austria. URL : http://www.R-project.org/.

[2] 船尾暢男：R-Tips －データ解析環境 R の基本技・グラフィック活用集，オーム社 (2009).

[3] http://cse.naro.affrc.go.jp/takezawa/r-tips/r.html

[4] http://www.okada.jp.org/RWiki/

[5] 統計検定のサイト（http://www.toukei-kentei.jp/）からリンクの情報や，標準教科書を参照いただきたい.

[6] 川瀬雅也：生物工学，**91**，205 (2013).

第 2 章　正規分布を極める

　第 1 章は「正規分布」について説明しなかったので，今回，正規分布について解説を行う．何故，正規分布が統計処理を行う上で重要なのかを，まず，考えてみたい．本来は確率や確率分布の話を行わなければならないが，これらの話題は皆さんが持っている統計学の教科書などを見ていただきたい [1].

2.1　正規分布って何？

　A さんと B 君が再び X 教授のもとを訪ねてきた．正規分布の話をする約束なのだ．

A さん：こんにちは，教授．

X 教授：いらっしゃい，待っていたよ．何かデータを持ってきたかな．

B 君：はい．僕たちが練習で測定した酵素活性の数値を持ってきました．

A さん：私の練習に付き合ってもらったんですけど（表 2.1）.

表 2.1　A さんと B 君の測定結果

B 君	A さん
15.7 16.1 16.6 16.0	15.8 16.1 15.3 16.5
16.1 15.9 15.2 16.1	15.2 15.9 15.5 15.7
15.8 16.2 16.1 16.8	15.0 14.9 15.1 14.8

X 教授：この間のコンピテントセルのデータでもよかったが，あのデータは離散データなので，今回の連続データの方が目的に合っているね．それに，B 君の方がバラつきが少ないのは，実験に慣れている証拠かな．では正規分布に従うのかどうか確認してみよう．R にデータを入れよう．

```
> A <- c(15.8,16.1,15.3,16.5,15.2,15.9,15.5,15.7,15.0,14.9, 15.1, 14.8)
> B <- c(15.7,16.1,16.6,16.0,16.1,15.9,15.2,16.1,15.8,16.2, 16.1, 16.8)
```

箱ひげ図を書いてみよう．

```
>boxplot(A,B)
```

X 教授：いきなり質問なんだけど，このデータからまずは何を知りたいのかな？　それからなんでデータがばらつくんだったっけ？

A さん：もちろん，酵素活性の値を知りたいんです．

B 君：それから実験毎のランダムな微小な誤差のせいでばらつきが起きると前回勉強しました．

X 教授：じゃあ，仮に誤差がまったくない実験ができたとしようか．すると得られた酵素活性値は何度実験しても同じ値になるはずだよね．これが今回測定したい酵素活性値だ，というのは

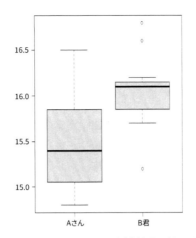

図 2.1 A さんと B 君の測定結果の箱ひげ図

想像できるよね.

A さん：でも，先輩でもそんな実験はできません.

X 教授：もちろん誤差はなくせない.じゃあランダムな誤差をふくむ活性値をできるだけ多く，20 回とかケチくさいこと言わずに 10,000 回とか，さらには無限回測定したとしよう.その活性値データでヒストグラムを書くとどんな形になるとおもう？

B 君：確か，それが正規分布になるんじゃないんでしたっけ？

X 教授：その通り.B 君，やるじゃないか.19 世紀の数学者ガウス（独）は三角測量の誤差の研究で，誤差の分布が正規分布になることを発見した.その後，多くの自然科学の現象でも，同様の事実が見つかってきたんだ.

B 君：要するに，僕たちが使うデータの統計処理は正規分布を前提にしてみようということですね.

X 教授：かなり荒っぽいが，そう考えてもらってもいいだろう.ただし，生態なんかの分野では，正規分布にならないケースも多いので，あくまでも生物化学の範囲ということで考えてほしい.もう 1 点，母集団と標本の概念が大事なんだ.母集団とは，研究対象全体を指す.たとえば，日本人男性の体重の平均値を調べるときは，実在する日本人の男性全員が母集団となる.酵素活性測定の場合は，無限回の実験から得た酵素活性値を母集団と考える.この場合母集団は仮想的なもので，実在しないんだ.

B 君：そうなんですか？

X 教授：それからもう一つ重要なのは，普通の実験では母集団の平均値の計測を目指しているということだ.そこで，母集団の平均値のことを母平均と呼ぶ.生物工学の実験データでいえば，正しく実験が行われたとことを前提とすれば「母平均」が「真の値」に当たると考えてよい.

A さん：そっかぁ.母集団って仮想的な場合もあるんですね.統計の講義ではそこのところで混乱しちゃって，得られたデータ全部を母集団だと思っていました.

X 教授：表 2.1 のような実験データのことを，母集団から取り出された標本と考えるんだ.母集団から偏りなく，母集団の性質を欠かさないように標本を取り出すことを無作為抽出とい

う．10 反復の実験は，無限個の測定値の母集団から 10 個を無作為抽出した，というふうに考える．

A さん：ということは，正規分布の母集団から無作為抽出した標本だとしたら，表 2.1 の酵素活性値も正規分布にならないといけないはず，ということですね．

正規分布の基本式などは，皆さんの持っている統計学の教科書を見てもらうことにして，データが正規分布に従っていると考えていいかどうかの確認法を説明しよう．

2.2　正規性の確認

X 教授：データが正規分布に従っているかを調べるには Q-Q プロットという方法を使うんだ．これは，データの度数分布と，正規分布とした場合の度数分布とを比較して，両者がどのくらい似ているのかを見る方法だ．まず，A さんから

```
> qqnorm(A)
> qqline(A)
```

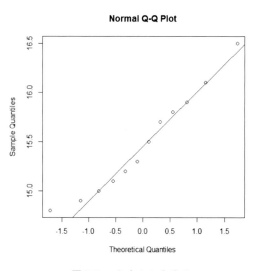

図 2.2　A さんの Q-Qplot

X 教授：B 君のデータでも同じような処理をする．

X 教授：この図は縦軸が測定データで横軸が理論値だが，直線にきれいにのると正規性が高いと判断できる．二人ともずれはあるが，おまけで何とか正規分布と見ていいという程度かな．

A さん：おまけですか？

X 教授：統計的に言うと Shapiro-Wilk normality test を行ってみないといけないが，多分，計算すると 2 人とも正規性なしという結果になる．しかし，生物工学のデータということと，

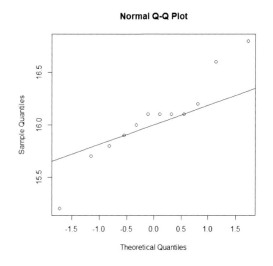

図 2.3　　B 君の Q-Qplot

データ数が少ないことを考えると正規分布と仮定しても問題ないと思うよ．統計処理の結果
は，前にも言ったと思うが，あくまでも科学的考察の補助として扱うべきなんだ．統計には，
このように柔軟に考えてもいい部分と，厳密に考えないといけない部分があることを忘れない
でほしい．

A さん：統計って，思ったより柔軟なんですね．

X 教授：正規分布を仮定しても問題ないといえる根拠として，中心極限定理というのがあるん
だ．同じ母集団から無作為に抽出された標本の平均値は，標本数が大きくなると真の値に近づ
き，真の値との誤差は正規分布になることが保障されている．つまり，標本が正規分布から少
し外れても，標本の平均値は正規分布としても問題ないと言える．

B 君：わかったような，わからないような．標本の平均値は一つしかないのにその分布と言われ
ても…．

X 教授：そこのところはまた後日詳しく説明するよ．ところで，標準偏差と標準誤差の違いは調
べてみたかね．

B 君：忘れてました．

A さん：そうだと思ったので，調べてきました．標準偏差は，今回の実験データのようなものを
1 群の標本と言って，この 1 群の標本のばらつきを表す量です．標準誤差は，繰り返して実験
を行った時の平均値の標準偏差で，平均値の精度を表す量です．

X 教授：その通りと言いたいが，意味が分かっているかね．標準偏差がデータのばらつきを表す
にはデータが正規分布に従うという条件が成り立つ必要がある．つまり，どんな場合でも単純
に標準偏差を求めればいいわけではない．生物工学のデータなら，ほとんどの場合，正規分布
を仮定できるから，問題はないと思うが．標準偏差を SD とすると「平均 ±1.96SD」の範囲
に 95 ％のデータが入ってくる．一方，標準誤差（SE）は母集団の平均が「平均 ±1.96SE」の
範囲に 95 ％の確率で存在すると推定できるという意味になる．つまり，生物工学分野でデー

タのばらつきを表す場合は標準偏差を使うべきなんだ．分析方法の精度の良さを示したい場合なんかは標準誤差を使うべきだね．格好いいから標準誤差を使うというのは，前にも言ったが，大間違いだな．

B 君：反省します．

2.3　母平均の区間推定

母集団の平均「母平均」は直接測定することができないが，標本のデータからどの範囲の値かを推定することはできるというのが統計学の立場である．母平均の存在する範囲を推定することを「区間推定」と言う．区間推定を行う時にも，よく聞く言葉だと思うが「有意水準」を仮定することが必要になる．

X 教授：まず，有意水準 (α) を知っているかね．

B 君：聞いたことはありますが，正確な意味はよく分かりません．

X 教授：そうだと思うよ．有意水準とは，簡単に言えば「正しいことを間違っていると判定してしまう確率」のことなんだ．昔は「危険率」とよばれたこともあった．もう少し，厳密な意味は，仮説検定を説明するときに話そう．

A さん：今まで統計を勉強していたけど，機械的においていたので意味なんて考えたことはありませんでした．少し，分かったような気がします．

X 教授：先程のデータを使って区間推定を行ってみよう．α=0.05 としたとき 100(1-α) の確率で母平均が存在すると仮定できる区間を 100(1-α) % の信頼区間と言う．α=0.05 とすると，ちょうど 95 % 信頼区間を出すことになるからね．さっき，母集団の平均が「平均 ±1.96SE」の範囲に 95 % の確率で存在すると推定できると言ったが，これは，厳密に言えば母集団の分散（母分散）が分かっている場合なんだ．母分散が標本の不偏分散と等しいことが分かっているときは，この式でいい．まず，母分散が分かっている場合から始めよう．表 2.2 を見てほしい．ここに，標準正規分布表から区間推定によく使う数値が抜き出してあるんだ．

X 教授：正規分布の中で平均が 0，標準偏差が 1 の正規分布を標準正規分布と言って，いろいろな計算ではこの分布に合わせるようにするんだ．データが正規分布に従っているとすると，データを X，そのデータの平均を $\overline{X}$，不偏分散を σ^2 とすると $\left(X - \overline{X}\right)/\sigma$ は標準正規分布に従うことが知られている．これをデータの標準化と言うんだ．母平均を μ，データ数を n とすると $\left(\sqrt{n}\left(\overline{X} - \mu\right)\right)/\sigma$ が標準正規分布に従う．この値が標準正規分布の 95 % データの集まる区間にあればいいと考えるんだ．つまり，

$$-z\left(\frac{\alpha}{2}\right) < \frac{\sqrt{n}\left(\overline{X} - \mu\right)}{\sigma} < z\left(\frac{\alpha}{2}\right)$$

表 2.2　正規分布表の要約

有意水準α	z (α /2)
0.05	1.96
0.01	2.33

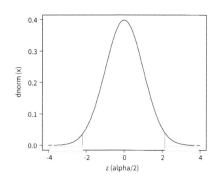

図 2.4　標準正規分布
curve(dnorm(x), -4, 4, xlab="z(alpha/2)") という R コマンドで作成

となる．$z(\alpha/2)$ を標準正規分布の切断点と言う．図 2.4 を見てほしい．

X 教授：これは標準正規分布のグラフで平均（0）を中心に左右対称になっている．そして，信頼区間から外れる区間が左右にあることを矢印で示している．この矢印の区間に入る確率は同じになるから，左右で 2.5 ％ ずつ，合計 5 ％ が外れることになるんだ．こういう意味で $z(\alpha/2)$ と表されているんだ．上式を変形すると

$$\overline{X} - z\left(\frac{\alpha}{2}\right)\frac{\sigma}{\sqrt{n}} < \mu < \overline{X} + z\left(\frac{\alpha}{2}\right)\frac{\sigma}{\sqrt{n}}$$

となって，「平均 ±1.96SE」になるわけだね．A さんのデータで 95 ％ 信頼区間を出してみよう．

```
> mean(A)-1.96*sd(A)/sqrt(length(A))
 [1] 15.18605
> mean(A)+1.96*sd(A)/sqrt(length(A))
 [1] 15.78061
```

X 教授：15.186 から 15.781 の範囲になる．では，母分散が分からない場合はどうなるかと言うと，標準正規分布の代わりに t-分布を使うんだ．t-分布については次回詳しく説明しようね．母分散が分からない場合でも，不偏分散を使うことは変わりないんだが，$z(\alpha/2)$ が使えないので，これに代わる値が必要になるんだ．t-分布を使う場合は $z(\alpha/2)$ の代わりに $t_{n-1}(\alpha/2)$ を使う．$n-1$ は自由度と言う値で情報量と関係がある．値としては（データ数 − 1）なんだが意味は違うんだ．詳しいことは次回にしよう．今回二人ともデータ数が 10 なので，自由度は 9 になる．

X 教授：表 2.3 の t-分布表を見ると自由度 9 で上側確率 2.5 ％ の値は 2.262 になる．

$$\overline{X} - t_{n-1}\left(\frac{\alpha}{2}\right)\frac{\sigma}{\sqrt{n}} < \mu < \overline{X} + t_{n-1}\left(\frac{\alpha}{2}\right)\frac{\sigma}{\sqrt{n}}$$

のそれぞれの値を入れればいい．A さんのデータでいうと

表 2.3　t-分布表の要約

自由度 n – 1	$t_{n-1}(\alpha/2)$（$\alpha = 0.05$ のとき）
1	12.7
2	4.3
3	3.18
4	2.78
5	2.57
6	2.44
7	2.37
8	2.31
9	2.26
10	2.23

```
> mean(A)-2.262*sd(A)/sqrt(length(A))
 [1] 15.14025
> mean(A)+2.262*sd(A)/sqrt(length(A))
 [1] 15.82642
```

15.140 から 15.826 の間になる．分布が変わったのと，データ数が少ないことから少し広めの区間になる．

B君：データが少ないと，さっきからおっしゃっていますが，僕らの感覚からいうと 10 個のデータは多いと思うんですが．

Aさん：10 個のデータをとるのは大変ですよ．

X教授：実験を行う立場からするとそうだと思うよ．でもね，統計学的には少ないんだ．t-分布を使おうとすると最低でも 6 個のサンプルは必要と言われているし，正規分布だと 3 ケタくらいは必要になる．物理では，何百回も測定を繰り返すが，意味が分かるだろう．生物では繰り返すことが難しかったり，労力が大変なので 3 回としているようなんだが，統計的には少なすぎると言わざるを得ない．このことを頭において，統計処理結果を慎重に扱うという前提で 3 回分のデータの統計処理で議論していると理解したらいいんじゃないかな．

Aさん：健康診断の血液検査は 1 回の測定ですよ．

X教授：血液検査は，これまでに多くのデータの蓄積があるし，その年に多くのサンプルも集まる．これらのデータ集団を使うと異常値を検出できるんだ．次は，異常値の見つけ方と，実際に統計処理する場合，何回実験を行うかを考えてみよう．

B君：まだ，当分続きますね．

Aさん：楽しみです．

2.4　練習問題

問 2.1　正規分布が何故，重要なのかをまとめてみよう．

問 2.2　今回紹介した方法以外の正規分布に従うことを確認する方法を調べてみよう．

参考文献

第 1 章の参考文献 1~5 を参照のこと．

第3章　データの数はいくつ必要？

　実験を行ってデータを取得し，統計処理する時，皆さんは何反復の実験，すなわちデータ数いくつ（n数とよく言う）で行うだろうか．ほとんどの方が何の疑いもなく "3" と答えるのではないだろうか．では，なぜ，"3" なのかという問いに答えることができるだろうか．今回は，この問いを考えてみたい．

3.1　データ数の疑問

A さん：ねぇねぇ，B 先輩．なぜ，実験は 3 回繰り返さないといけないんですか？

B 君：データを統計的に処理するためだよ．

A さん：3 回だけでいいんですね．

B 君：そうだけど．

A さん：なぜ，3 回だけでいいんですか？

B 君：‥‥．先生が何があっても実験は 3 回反復って口を酸っぱくして言っていたから．

A さん：？？？．先輩，理由を知らないって，ボーっと生きてきたんですか？

　皆さんの研究室でも，もしかすると A さんと B 君のようなやり取りがあるのではないだろうか．2 人は，例によって例のごとく，再び X 教授のもとを訪ねてきた．

X 教授：いらっしゃい，待っていたよ．

B 君：お手柔らかにお願いします．

A さん：実は――というわけなんです．

X 教授：なるほど．だがな，B 君のような学生は，きっと，どの研究室にも多いと思うな．教えている教員も怪しいかもしれないな．

B 君：そうですよね．みんな，知りませんよね．

X 教授：調子にのるな．データ数がいかに重要かは，これまで言ってきただろう．統計処理を行う上で，データ数がいかに重要かを，じっくり説明しよう．

A さん・B 君：よろしくお願いします．

X 教授：まず，先生は，どう言っていたのかな？

B 君：データの検定には，少なくとも 3 個のデータが必要なので，3 個のデータをとるために "実験は 3 回行うこと" です．実際には，時間的なことを考えて 3 回の繰り返しでいつも終わっています．

X 教授：なるほど．検定については，こちらも時間の関係で次回に説明するとして，なぜ，3 回でいいかということから考えてみようか．まず，図3.1 を見てもらおうか．

X 教授：これは，乱数を使って人工的にデータを作り，その分布を見たものだが，どうかな？

A さん：データ数が 3 のときはどんな分布かさっぱりわかりませんが，50 になると何となく分かってきますし，100 になると正規分布に見えてきます．

B 君：僕もそう思う．

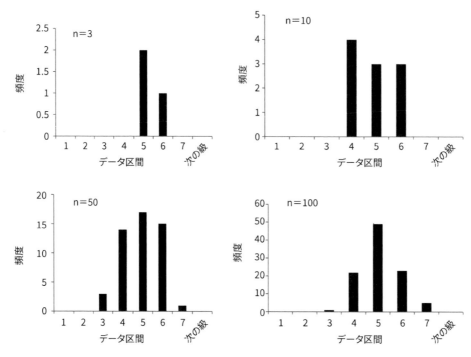

図 3.1　乱数で錯したデータ数と値の分布

X 教授：そうだろう．まったくどんな分布をしているのか分からない場合，100 くらいのデータがないと分布を知ることはできそうにないことが分かるだろう．しかし，100 回同じ実験を繰り返すなんて言うことは無理だと思うな．研究費も限りがあるし，時間も掛かるので，卒業などを控えた学生には絶対に無理だ．だから，最少の繰り返し回数がどのくらいかが重要になるわけだ．

A さん：この図を見ると 3 回でも少なそうに思います．

B 君：でも，うちの研究室だけが 3 回と言う訳ではなく，学会なんかに行くと，どの研究室も 3 回だよ．「赤信号，みんなで渡れば怖くない」ですか．

A さん：何ですか，それ？

X 教授：えらい古いギャグを知っているな．話をもとに戻すが，B 君の言う通りだと思う．みんなが 3 回だから，自分たちも 3 回でいい，まさに「赤信号，みんなで渡れば怖くない」だな．

B 君：ほら！　正解だろう．

A さん：今日は嵐が来そうですね．

X 教授：面白いから，もっと聞いていたい気もするが，先に進むとしよう．まず，データが一つではダメなことはわかるね．とんでもない失敗データでも一つしかないと分からないからね．では，二つだとなぜダメなのか，自由度を使った説明が多い．二つのデータから平均値を計算すると，残りの自由度は 1 となる．データにばらつきがないから統計的に意味のある分散は計算できない．というのが直感的な説明かな．

A さん：最低三つのデータでいいなら，実験は 3 回でいいんじゃないですか．どうして 3 回だけだと不十分なんですか？

X 教授：もう一つの説明は，平均値の 95 % 信頼区間を計算してみるというものだ．前回，B 君が酵素活性を 12 回測定したデータを使って計算してみよう．

```
> B <- c(15.7,16.1,16.6,16.0,16.1,15.9,15.2,16.1,15.8,16.2, 16.1, 16.8)
```

このデータについて，

```
> t.test(B)
```

と実行してみると，

```
95 percent confidence interval:  15.79085 16.30915
```

という出力が得られる．これが 95 % 信頼区間を示している．この結果から活性値の真の値（母平均）は 15.8 から 16.1 の間にある確率は 95 % といえる．

A さん：かなり狭い範囲ですね．これは B 先輩の実験のばらつきが小さかったからですか？

X 教授：では，実験の反復数が 5 回，3 回，2 回として計算してみよう．

```
> B <- c(15.7,16.1,15.6,16.0,16.1)
> t.test(B)
95 percent confidence interval:
  15.6088  16.1912 #5 反復のとき 15.6 から 16.2
> B <- c(15.7,16.1,15.6)
> t.test(B)
95 percent confidence interval:
  15.14276  16.45724 #3 反復のとき 15.1 から 16.5
> B <- c(15.7,16.1)
> t.test(B)
95 percent confidence interval:
  13.35876 18.44124 #2 反復のとき 13.4 から 18.4
```

B 君：反復数が減ると 95 % 信頼区間がどんどん広がってますね．2 反復では統計的な意味もなく，仮に計算した信頼区間も広すぎだ．

A さん：やはり最低 3 反復，できれば 5 反復くらいデータが必要ですね．じゃあ何点のデータがあれば十分なんでしょう？

X 教授：仮説検定を例にするのが分かりやすいので，簡単な例で大まかなところを説明する．詳しい説明は次回にまわすので，楽しみにしておいてくれるかね．

B 君：とうとう本番ですね．僕も，検定には悩まされているんです．

X 教授：君たちがよく使うのは「平均の差の検定」という種類の検定だと思う．前回の A さんと B 君の酵素活性のデータの一部を使ってみることにしよう．まずは，いつもの 3 回反復で，

A：15.8, 15.1, 15.3

B：15.7, 16.1, 15.6

例なので単位は気にしないことにするが，上記のようなデータが得られたとする．この時使われるのが「平均の差の検定」で，多分，その中でもスチューデントの t-検定を使うと思う．

B 君：僕も，いつも使っています．

X 教授：いつもと言うのは感心しないが，理由は次回話すことにして，今はスチューデントの t-検定を使ってみると，

```
> A <- c(15.8, 15.1, 15.3)
> B <- c(15.7, 16.1, 15.6)
> t.test(A,B,var.equal=T)
```

X 教授：t = -1.5492, df = 4, p-value = 0.1963 となる．前回，有意水準 (α) という言葉が出てきたのを覚えているね．通常の検定では，α を 0.05 に設定することが多い．この場合，p-value > 0.05 なので「違いがあると見ることは難しい」という結果になる[3]．一方，有意水準は簡単に言うと「正しいことを間違っていると判定してしまう確率」（ここでは「本当は違いがないのに，間違って違いがあると判定してしまう確率」）と説明していたと思う．

A さん・B 君：その通りです．

X 教授：統計学的には「正しいことを間違っていると判定する」間違いを "第 1 種の過誤" と言うんだ．この第 1 種の過誤の確率が有意水準 (α) ということになるわけだ．

A さん：そうしたら逆の「間違っているのに正しい」とする間違いもあるんですよね？

X 教授：その通り．なかなか鋭い．A さんの言う「間違っているのに正しい」とする（ここでは，本当は違いがあるのに間違って違いがないと判定してしまう）間違いを "第 2 種の過誤" と言うんだ．第 2 種の過誤の確率を β として $(1 - \beta)$ を検出力と言うんだ．間違いを見つける能力の大きさとでも言えばいいのだろうね．統計的にデータを考えるという場合，多くの研究者は有意水準にしか注目しない．だから，データ数の大切さに気が付かないと言っていいと思う．これは，今の統計教育の落とし穴だと思うな．統計教育では検定の方法については訓練するが，データ数については何も教えていないからな．

B 君：検定法の演習のときは，問題のデータで計算するだけで，データ数が適切かどうかなんてまったく気にしなかったですし，説明もなかったです．

3.2 　検出力検定

X 教授：検出力まで勉強する講義はないと思うので，この際，勉強しようか．データ A と B を使って検出力分析を行ってみると，

3　　　次章に正しい意味を説明する．

```
> mean(A)-mean(B)
 [1] -0.4
> sqrt((2*var(A)+2*var(B))/4)
 [1] 0.1581139
> power.t.test(n=3,d=1.9,sd=0.158)
  Two-sample t test power calculation
  sig.level = 0.05
  power = 1
```

となる．ここで，power の値，検出力の値に注目してほしいんだ．この例で 1 となっているね．検出力は 0.8 を超えることが望ましいとされている．今回は 0.8 を超えているから，データ数が 3 個でも議論に使ってもいいということになるわけだ．つまり，この例で使った実験系だと，君たちが何時もやっているように，3 回の実験で十分となる．別の例を見てみよう．このデータは，説明のために作ったもので，何かの実験結果ではないけど，ありそうなデータだろ．

C : 1.22, 1.18, 1.11
D : 1.41, 1.52, 1.37

A さん：そうですね．
X 教授：では，先と同じように t-検定をしよう．

```
> C <- c(1.22,1.18,1.11)
> D <- c(1.41,1.52, 1.37)
> t.test(C,D,var.equal=T)
```

X 教授：t = -4.7726, df = 4, p-value = 0.008823 となって，今度は違いがないとみるのは難しい（有意差あり）という結果になる．検出力分析を行うと，

```
> mean(C)-mean(D)
 [1] -0.2633333
> sqrt(2*var(C)+2*var(D))/4
 [1] 0.03378856
> power.t.test(n=3,d=0.263,sd=0.0338)
  sig.level = 0.05
  power = 0.9999983
```

検出力は十分ある．では，このデータを 100 倍して，次のように C のデータを少し変えてみよう．差があるように見えるね．

```
> C <- c(122,138,131)
> D <- c(141,152, 137)
> t.test(C,D,var.equal=T)
```

X 教授：t = -2.0166, df = 4, p-value = 0.1139 となり，t-検定の結果は有意差なしとなった．検出力を見てみると，

```
> mean(C)-mean(D)
 [1] -13
> sqrt(2*var(C)+2*var(D))/4
 [1] 7.895146
> power.t.test(n=3,d=-13,sd=7.895146)
  sig.level = 0.05
  power = 0.3403129
```

検出力不足になっている．つまりこの実験系では，データは 3 個では不足ということになるんだ．いくつのデータが必要かと言うと，

```
> power.t.test(d=-13,sd=7.895146,power=0.8)
          n = 6.896426
```

7 個ずつデータが必要と言う結果になる．このデータはばらつきが大きいが，もし，データの標準偏差（SD）がもう少し小さな場合では（SD=4 の場合），

```
> power.t.test(d=-13,sd=4,power=0.8)
          n = 2.844429
```

データは 3 個ずつでいいわけだ．検定の話をしていないので，分からないところもあると思うが，「必要なデータ数は得られたデータの質によって違ってくる」ということを，今は分かってくれればいい．どうかな．

B 君：何となく，分かりました．

A さん：いつも，検出力分析をして確認しないといけなんですか．

X 教授：そこが，実は大事なところなんだ．統計学的には，いつも，検出力分析を行うということになるのだが，君たちは科学の世界にいるわけだね．

A さん・B 君：そうです．

X 教授：今見せたように，統計的にデータを解釈するため検定などの方法を使って計算することを統計処理と言うことがある．**科学の世界の人は，統計処理の結果が絶対だと間違った認識でいることがよくある．あくまでも統計処理の結果は「この統計処理法で計算したときの計算結果にすぎない」ことを忘れないでほしい．**統計処理の結果は，その場のデータだけで判断をしているだけで，その背景にある，これまで積み上げられてきた事実などはまったく無視しているわけだ．先程の例でも，両方とも違いがあると見ていいが，一方は検出力不足であるとの結果が出た．もし，これまで，多くの実験が C と D について行われ蓄積がある場合，つまり，C と D の性質がある程度分かっている場合，その蓄積から考えて，3 個のデータの比較の結果が妥当であると科学的に言えるなら 3 個のデータの比較でもいいと言えると思うがね．

B 君：なるほど．

A さん：過去に蓄積がなく，初めての場合はどうですか．

X 教授：その時は，先の例で見せたように検出力を参考にして，必要なデータ数を出す必要があるのではないかな．最初は，面倒に思わず実験を繰り返すことだ．蛇足かもしれないが，統計処理結果はあくまでも計算結果だ．仮に，統計的に「差があると言えない」と出た場合でも，完全に差がないと言っているわけではない．科学的に差があると考えるべき場合は，データをもっと取るとか，検討の方向を変えるなどの工夫が必要になる．

B 君：今までは，差がありそうに思えても，検定で差がなさそうなら見込みがないということになっていたんですが，検定結果だけで結論を出すのは早いわけですね．

X 教授：そういうことだね．統計処理の結果は，少し古いかもしれないが「水戸黄門の印籠」ではない．統計処理は補助手段であり，統計で絶対的な結論を出すことはできないんだ．逆に，差があると出ても注意が必要になる．よく統計的に差があると言えるから大丈夫だと思う人がいるが決してそうではない．その気になれば，ある程度違いのありそうなデータなら検定で差があるという結果を出すことができる．こうなると，もはや科学ではなく数字遊びになってしまう．また，こんなことをやって，論文を書いたら「不正な論文」となってしまう．今，話したように，統計は計算に掛けているデータしか見ていないから，どんなデータを計算しているかも大事になってくる．ところで，「外れ値」という言葉を知っているかな．

A さん，B 君：知っています．

X 教授：「外れ値」が曲者なんだ．検定の話の後に，「外れ値」も考えてみよう．

3.3　練習問題

問 3.1　必要なデータ数は，そのデータの質によることが分かったと思う．では，質が良いデータとは，どの様なデータかを考えてみよう．

問 3.2　質の良いデータを集めるために必要なことを考えてみよう．

参考文献

[1]　川瀬雅也・松田史生：生物工学, **94**, 208 (2016).

第4章　平均の差の検定の使い方

　皆さんが一番よく使う統計処理は「t-検定」ではないかと思う．今回は「t-検定」などの「2 群の平均の差の検定」について考えたい．原理などは統計学の教科書にあるので，実際に使う時に必要なことにだけ触れる．

　さて，例の 2 人はどうなっているだろうか．

B君：X 教授のところへ行く時間だ．

Aさん：あっ，あの先輩！　その前に聞いてもいいですか？

B君：どうしたの？

Aさん：今日の先輩って，めずらしくおしゃれな髪型でイケてますね．もしかしてデート … ですか？

B君：いやあ，そんないい話じゃないよ〜．バイトの面接なんだよ．でもこんなしゅっとした格好をすることはめったにないから，いつもと違って何かあるってわかっちゃうよね．

Aさん：あっ，そうなんですか！　服も髪も似合ってますよ（でも今日から私の髪型が変わったのには，先輩，気づいてくれないんだろうなぁ，しょっちゅう変えてるしなぁ）．ところで先輩！　検定には「両側検定」と「片側検定」がありますが，どうやって使い分けるんですか．

B君：えーと ….　X 教授に教えてもらおう．

4.1　検定とは

X教授：いらっしゃい．今日は検定の話だったね．

B君：はい．「t-検定」ですよね．僕もよく使っているので，今までとは違って答えられますよ．

Aさん：でも，実は——と言う訳なんです．

X教授：なるほど．まずは，もっと基本的な話から始めようか．B 君は「検定」というと「t-検定」と言ったが，実は大きな間違いだ．「検定」とは「データから推測したことが，統計的に正しいかどうか」を検証する手続きのことだ．「t-検定」は検定法の一つなんだね．

B君：そうなんですか．検定ってそういうことなんですか．

X教授：きちんと統計学を勉強しないことも多いから，知らないのも無理はないと思うな．あと，検定は統計学が発明した画期的手法なんだけど，とっつきにくいのも事実だ．けれど，一度検定の手順と使い方を理解してしまえば一気に世界が広がるから頑張ってほしい．まず，「検定」を行うときに，「帰無仮説」をたてるんだったよね．これは「何を検証するか」をハッキリさせるためにたてるんだ．

B君：確かにそう習いました．でも，いつも疑問に思うことがあるんです．たとえば，データに差があるかどうかを調べるときにも，必ず，帰無仮説は「差がない」としますよね．どうしてでしょうか？

X教授：なるほど．もっともな疑問だね．「検定」の手順を追いながら説明しよう．B 君の言う通り，帰無仮説 (H_0) では「差がない」とするのが一般的だ．帰無仮説に対する対立仮説 (H_1) は「差がある」となる．このように仮説を立てて検定するので「仮説検定」ともよばれる．「検定」では，帰無仮説を評価していることを忘れてはいけないんだ．もし，帰無仮説が

成り立つと考えることが難しいときに，対立仮説が顔を出す．統計の授業では同時に二つの仮
説を立てると教えられるから，学生が混乱しているのではないだろうか．

B 君：そんな気がします．

X 教授：手順と考え方を分けると理解しやすくなると思う．手順では，二つの仮説を立てるが，
本当は "帰無仮説だけが存在して検定を受ける" とひとまずは，考えておくと，何故，帰無仮
説を「差がない」とするかが分かりやすくなると思うよ．「検定」の手順では，先程の二つの
仮説を立てた後，有意水準を定め，有意確率と比較することになる．最終的に，帰無仮説を採
用するのかどうかを判断するわけだ．一般的に「差がない」ことを否定するには差がある例が
一つあればいいことは分かるね．

A さん・B 君：よく分からないです．

X 教授：数学的に「差がない」とは，どんな時でも「差がない」と言うことを意味しているんだ．

B 君：分かりました．差がある例を示せば，どんな時でもと言うことにならないから「差がな
い」の否定になるんですね．

X 教授：では「差がある」の否定はどうなるかな．

A さん：「差がある」の否定は「すべての場合で差がない」ことを示さなければならないから，
ある時，差がなくても，他の時に差が出たら「差がない」ことになりますよね．「差がある」
の否定なんてできないですよ．

X 教授：だから，帰無仮説としては「差がない」を使う訳なんだ．

B 君：うーん．でも検定に使うデータは限られているから，「すべての場合」って考えられない
んじゃないですか．よく分からないんですけど．

X 教授：統計学の基本を思い出して欲しい．標本と母集団と言うことを説明したね．標本は，君
たちが実験で得るデータで，ある母集団からとられたと考えているわけだ．母集団は同じで
も，標本（データ）は実験ごとに違ってくるね．

A さん：私なんか，毎回違いすぎて困っています．

B 君：慣れてくると，同じような値になってくるよ．

X 教授：二人の話は誤差とも深い関係があるので，回を改めて考えようか．話をもとに戻すけ
ど，検定で差があるかどうかを調べるのは「データの平均」でなくて，「（データの）母集団の
平均」なんだ．だから統計的に考える必要があるわけだね．この点を意識せずにいると，とん
でもない間違いを犯すことになるので注意が必要だ．

B 君：なるほど，分かりました．母集団について考えるから，さっき，先生がおっしゃったよう
に「差がある」の否定が難しいわけですね．

X 教授：その通りだ．母集団を意識することで，両側検定にするのか片側検定にするのかの判断
の基準も理解できる．まず，検定の基本を理解しないといけないので，もう少し基礎の話を続
けよう．

4.2　2 群の平均の差の検定

X 教授：「検定」にはどんな方法があるか知っているかい．

A さん：t-検定くらいです．

B 君：僕もそうです．

X 教授：ふつうは，そうだと思う．検定には（1）母平均の検定，（2）2 群の平均の差の検定，（3）等分散検定，（4）適合度検定，（5）独立性検定などがある．この中で（2）が一番よく使う検定だと思うから，今回は（2）について考えよう．（1）はめったに行わないし，（3）は（2）の中で行うんだ．（4），（5）については回を改めることにしよう．

A さん：沢山あるんですね．

B 君：でも，（2）しかやったことがない．

X 教授：実際に，研究を始めるとそうだと思うね．（2）にはいくつか方法があるが，どの方法を選ぶかの基準は知っているかな．

A さん：え，いくつも方法があるんですか?

X 教授：それじゃ，方法の選択基準の話から始めよう．具体例があると分かりやすいので，この間の酵素活性のデータを使うことにしよう．

```
> A <- c(15.8,16.1,15.3,16.5,15.2,15.9,15.5,15.7,15.0,14.9, 15.1, 14.8)
> B <- c(15.7,16.1,16.6,16.0,16.1,15.9,15.2,16.1,15.8,16.2, 16.1, 16.8)
```

X 教授：A と B の母平均に差があるかどうかを調べよう．まず，A と B の母集団が正規分布に従うのかどうかが重要になってくる．経験的に正規分布に従うとみなせる場合も多いと思うが，一度，試しに正規分布に従うかどうかの確認（正規性の検定）を行ってみよう．

```
> ks.test(A,"pnorm",mean=mean(A),sd=sd(A))
data:  A
D = 0.13643, p-value = 0.9569
> ks.test(B,"pnorm",mean=mean(B),sd=sd(B))
data:  B
D = 0.20122, p-value = 0.7162
```

X 教授：これは Kolmogorov-Smirnov 検定とよばれる方法で，帰無仮説が「正規性がある」とおかれる．したがって，p-value をみると A，B とも 0.05 より大きいので A，B ともに正規性があると見ていいことになるわけだ．ただ，生物工学分野のデータは正規分布に従うと考えていい場合が多いから，Kolmogorov-Smirnov 検定はやらないのがふつうだと捉えていいと思うよ．ここで，p-value（有意確率）とは「得られたデータが帰無仮説によって説明できる確率のことで，言い換えると「データに偏りが偶然生じる」と考えていい確率となるんだ．この確率が有意水準以下なら，あまりも小さな確率で帰無仮説を採用することになり矛盾が生じるので，帰無仮説を採用しない（棄却する）という判断になるわけだ．普通，有意水準は 0.05 を採用することが多いので，ここでもそうした．もし，正規性がないと判断した場合はノンパラメトリック検定（Mann-Whitney の U 検定など）をとることになる．ノンパラメトリック検定については，別の回に説明することにしよう．正規性が示されたら，次に，2 群（A と B）の分散が同じかどうかを調べないといけない．つまり，等分散検定を行うわけだ．等分散検定では F 分布を使うので，F 検定ともよばれる．

```
> var.test(A,B)
data:  A and B
F = 1.6594, num df = 11, denom df = 11, p-value = 0.4141
```

X 教授：等分散検定の帰無仮説は「等分散である．（分散に差がない）」なので，p-value から分散が同じとみなせることが分かる．2 群とも正規分布に従い，かつ，分散が同じとみなせるときに，二人が言う t-検定，正確には "Student の t-検定" を採用する．もし，分散が同じとはみなせない場合は，"Welch の t-検定" を採用することになるんだ．最近の流れでいうと，生物分野のデータについては，経験的（過去の知見から）に等分散であるとして間違いがないとされる場合を除き Welch の t-検定を使うケースが主流になってきている．

B 君：t-検定にも二つあるんですね．僕らの使っていたのは，今の話だと Student の t-検定になるわけですね．

A さん：これまでの話をまとめると，

・正規性のチェックで，正規性がなければノンパラメトリック検定，あれば，t-検定
・等分散のチェックで，等分散なら Student の t-検定，なければ Welch の t-検定

となるわけですね．

X 教授：その通り．先の例で「A と B の平均値に差はない」という帰無仮説について，Student の t-検定を行ってみよう．

A さん：検定を行う時に，さっき，お話しした両側検定と片側検定の使い分けがよく分からないんです．

X 教授：この点もきちんと説明しながら，話を進めよう．

```
> t.test(A,B,var.equal=T)
data:  A and B
t = -2.9512, df = 22, p-value = 0.007382
alternative hypothesis:  true difference in means is not equal to 0
```

となり，p-value が有意水準の 0.05 より小さいから，帰無仮説が棄却されて A と B の平均に差がある（正確には有意差がある）と考えてよいことになる．蛇足だが，alternative hypothesis: true difference in means is not equal to 0：対立仮説は「差がある」ということだと出力されている．つまり，両側検定だね．この点は，後で，説明しよう．話を元に戻して，統計の教科書では，検定統計量を計算して，自由度と有意水準から求めた t-分布のパーセント点の値と比較するとあったと思うが，最近は，誰も手計算で検定を行うことはないので，p-value を最初からみればいい．もう 1 点，「有意差」という言葉に注意してほしい．「有意差がある」とすると差があると勘違いする人が多いのだが，これは間違いなんだ．「有意差がある」とは，「2 群のデータの平均に生じた差が大きく，偶然生じたと考えるには無理があり，差がないとすることが難しい」ということを言っているわけで，「差がある」と断言しているわけではないんだ．

A さん：難しいんですね．何か，分かったような，分からないような．

B 君：でも，差があるんですよね．

X 教授：そこが問題だね．差があると積極的に言っているわけではないんだ．「差があるとしても問題ない」という気持ちなんだ．前回も言ったけれど，検定結果も，他の統計処理と同じで「計算結果」なんだ．科学的に考えたとき，有意差があるとでても，素直に受け入れることができないこともあるだろうし，逆に，有意差がないと出た場合でも，この結論を受け入れない方がいい場合もあると思う．特に，生物関係のデータでは，このようなことが起こりやすいと思うんだが．計算結果がすべてではなく，科学的に考えたときにどうかということも重要になってくる．このことを忘れずに，検定結果を見てほしいと何時も思うんだ．

B 君：肝に銘じます．ところで，Welch の t-検定はどうやってやるんですか．

X 教授：R で，同じ例を使って計算すると，

```
> t.test(A,B,var.equal=F)
t = -2.9512, df = 20.726, p-value = 0.007696
alternative hypothesis:  true difference in means is not equal to 0
```

とすればいい．

```
> t.test(A,B)
Welch Two Sample t-test
```

このように R の t.test のデフォルトは Welch の t-検定になっている．これは，先程，説明したように Welch の t-検定が第 1 選択の方法になりつつあるためなんだ．

A さん：ところで，この結果も両側検定ですね．片側検定はいつ使うんですか．

X 教授：R ではデフォルトは両側検定なんだ．今まで見せた例は，すべて両側検定になっているね．

A さん：と，いうことは，ふつうは両側検定が使われると考えていいわけですね．

X 教授：その通りだね．というか片側検定は使い方が難しい．A さんの疑問「両側検定と片側検定の使い分け」を説明しよう．先程のデータを見てほしい．

```
> A
 [1] 15.8 16.1 15.3 16.5 15.2 15.9 15.5 15.7 15.0 14.9 15.1 14.8
> B
 [1] 15.7 16.1 16.6 16.0 16.1 15.9 15.2 16.1 15.8 16.2 16.1 16.8
> mean(A)
 [1] 15.48333
> mean(B)
 [1] 16.05
```

X 教授：どちらが大きいと思う？

A さん：もちろん B です．ハッキリと大きさが分かるから，こんな場合は片側検定法がいいわ

けですね.

B 君：僕も，そう言いたかったんだ.

X 教授：では，平均値の 95 ％ 信頼区間を求めてみようか.

```
> mean(A)-2.262*sd(A)/sqrt(length(A))
 [1] 15.14025
> mean(A)+2.262*sd(A)/sqrt(length(A))
 [1] 15.82642
> mean(B)-2.262*sd(B)/sqrt(length(B))
 [1] 15.78366
> mean(B)+2.262*sd(B)/sqrt(length(B))
 [1] 16.31634
```

X 教授：A は 15.14~15.83，B は 15.78~16.32 となる．少し重なっているが，分布の領域は違っているとみていいね．では，

```
> C <- c(15.8,16.1,16.3,16.5,16.2,15.6,15.5,15.7,15.0,15.9, 15.6, 15.8)
```

というデータを使ってみよう.

```
> t.test(B,C,var.equal=T)
t = 1.3054, df = 22, p-value = 0.2053
```

有意差がないとの結果だね．つまり，B と C を比べると，Student の t-検定の p-value は 0.2053 と，「B と C の平均値に差はない」という帰無仮説を棄却できない，つまり，B も C も同じ母集団からとった標本であると示唆される．自分で試してほしいが，Welch 検定でも同じになる.

```
> mean(C)-2.262*sd(C)/sqrt(length(C))
 [1] 15.5687
> mean(C)+2.262*sd(C)/sqrt(length(C))
 [1] 16.09797
```

95 ％ 信頼区間は 15.57~16.10 で B と重なっている部分が大きい．A と C を比べると，

```
> t.test(A,C,var.equal=T)
t = -1.8272, df = 22, p-value = 0.08127
```

で，これも有意差がないと出ている．また，Welch 検定でも同じ結果となる．A と C の母集団は，同じ分布にあると考えていいことになるわけだ．95 ％ 信頼区間の重なりは B と C の場合よりも狭いことも分かると思う．今後，検定結果だけでなく 95 ％ 信頼区間の重なりにも注意する方がデータの解釈にプラスになるので記憶しておいてほしい．A と C の検定で，p 値

は 0.05 に近いので，注意が必要だね[4]．基本的に Student の t-検定にしても Welch の t-検定
にしてもまずは両側検定を行う．そして，経験的あるいは原理的に大小関係があらかじめ仮定
できる場合だけ片側検定を行ってもいい．データの平均だけを見てから，片側検定にするのは
間違いだ．

A さん：やっと，ハッキリしました．R ですと，どうやって片側検定を行うんですか．

X 教授：R はさっきも言ったように，デフォルトは両側検定なので，片側検定を行うという命令
を入力しないといけない．さっきの A と B のデータを使うことにして，A > B という場合を
示してみよう．

```
> t.test(A,B,var.equal=T,alternative=c("greater"))
data:  A and B
t = -2.9512, df = 22, p-value = 0.9963
alternative hypothesis:  true difference in means is greater than 0
```

alternative = c(" ") の形で指示をする．(" ") の部分を greater として A>B．less とすると
A<B を対立仮説に持つことになるんだ．two.side と入れると両側検定になる．

B 君：学会で微妙なデータのポスターがあって，本当に差があるのか質問したんですが，「両側
検定では有意差が少しの差で認められませんでしたが，片側検定では有意差が認められまし
た．そこで，片側検定の結果を採用して両者に有意差があると考えます」という答えでした．
これは間違いですか．

X 教授：聞く限り「大間違い」だね．片側検定をすると p-value が両側検定の半分になる．そこ
で，有意差が出るほうの検定を採用するなどは本末転倒もはなはだしい．まったく統計が分
かっていないもののすることだ．まさに，計算結果を「水戸黄門の印籠」と間違ったやり方だ
ね．君たちは，絶対にこのようなことをしないように．

A さん・B 君：はい，分かりました．

X 教授：今までの例は "対応のない場合" の検定だったんだが "対応のある場合" というのも
ある．

A さん：まだ，あるんですか．

X 教授：今日は時間も遅くなったから次回にしよう．

A さん・B 君：次回も，お願いします．

4　この点については，練習問題としているので，各自で，まず，考えてほしい．

X 教授メモ：片側検定と両側

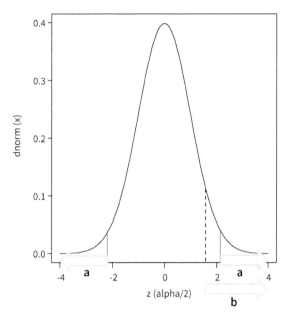

図 4.1　両側検定 (a) と片側検定 (b)

a で示されている領域が両側検定の棄却閾，つまり，a の範囲が t − 分布の両端にあり，その面積の合計が有意水準となる．b は（A>B）の場合の片側検定の棄却閾．棄却閾に検定統計量が入ると帰無仮説が棄却されることになる．これを見ると片側検定の方が，検定統計量が棄却閾に入る可能性が高くなる．つまり，有意差が出やすくなる．

4.3　練習問題

問 4.1　何故，Welch 検定が推奨される検定法となってきたのかを調べてみよう．

問 4.2　本文中で，A と C の母集団の間には，t-検定で有意差がないと判定されたが，p-value=0.08127 ときわどい値である．いろいろなケースで検定を行うと，p-value = 0.06 や p-value = 0.045 のようなこともある．このように，p-value が有意水準に近い時，どの様に考えればいいか．

参考文献

標準的な参考書を紹介しておく

[1]　向井文雄：生物統計学，化学同人 (2011).

[2]　山田剛史 他：R によるやさしい統計学，オーム社 (2008).

[3]　D. ザルツブルク：統計学を拓いた異彩たち，日経 (2010).

第5章　正しい統計記述とは？

　皆さんが論文を書く際，どのように統計処理の結果を書かれているだろうか．案外，気にされず，研究室の流儀で書いているのではないだろうか．統計処理を行ったはいいが，必要な情報が書かれておらず，本当に統計的なデータの吟味を行ったのか疑ってしまうような論文によく出会う．今回は，論文で何を書かなければならないかについて触れることにする．

Aさん：先輩おはようございますっ．あっあの，相談したいことがあるんですが‥‥．あれ？ 先輩，無精ひげが‥‥．

B君：いやあ，徹夜だよ．やっと，学会報告できるようになったんで，図を作っていたんだ．統計処理結果をどう書くか，過去の論文を参考にしたらみんな書き方がバラバラで，えらい時間がかかったんだ．

Aさん：それで，書けたんですか？

B君：一応ね．でも，先生に見せたら‥‥．

Aさん：X教授に教えてもらいましょう．

B君：えー．先生にどう言われたか聞かないの．

Aさん：どうせボロカスに言われたんでしょ？

B君：‥‥．

5.1　統計法の記述

X教授：いらっしゃい．今日は対応のあるt-検定の話だったね．

Aさん：実は――なんです．

X教授：なるほど．大事なことだから，まず，論文などでの統計に関する記述法を説明しようか．まず，B君はどんな図を書いて先生からどうボロカスに言われたのな？ データと図を見せてくれないか．

B君：ボロカスを強調しなくても‥‥．データはaとbという2種類の物質を添加したときの酵素活性です．

表 5.1　酵素活性に与える添加物の効果

添加物	活性 (μ mol/min)		
a	1.55	1.32	1.52
b	1.11	1.07	1.13

B君：学会発表で使うので図にして，説明のところに統計処理の情報も書いたんです．実際に，作った図がこれです（図5.1）．先生に見せたら，説明文は means±SD, *P<0.05 で，使った統計処理法を書くように言われました．

X教授：なるほど．

Aさん：直してもらったのに，どうして悩んでいるんですか．思ったより，ボロカスじゃないし．

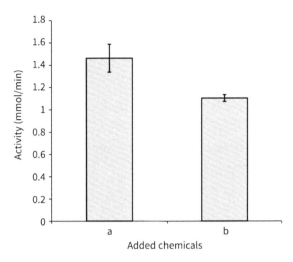

図 5.1　　The effect of added chemicals on enzyme activity. Bars show the SD of data. *P<0.05.

B 君：最後に，他の人がどう書いているのか，ちゃんと勉強して書きなさいと言われたんだ．でも，他の人の書き方がまちまちで，完全に混乱しているんだ．

A さん：ボロカスじゃなくて，頭がボロボロですね．

B 君：‥‥．

X 教授：二人はいいコンビだね．話を戻そう．確かに，B 君の言うように，人によって統計に関しては書き方がまちまちだ．誰かのものを参考にしようと勉強すればするほど混乱するのも事実だと思う．決して，B 君の出来が悪いわけではない，と思うが．統計に関しては，どんな情報を書く必要があるかをまとめてみようか．

1. 採用した方法（ここでは，Student の t-検定かな）
2. 有意水準
3. データの表し方とデータ数．ここでは，平均 ±SD だけでは不十分で，データ数も書かなければいけない．
4. 判定結果（ここでは * 印の意味かな．*も図中にはないので，書いておこう）

X 教授：あと，図の書き方だが，研究室である程度作法が決まっていると思うので，それに従うのがいいとは思うが，気になる点も二つほどあるので指摘しておこう．まず，有意確率の記述だが P と大文字にしているが，本来は p と小文字にする方がいいと思う．大文字は，確率一般に使われる記号で，混乱を招く場合があるから注意が必要だ．p を p のようにイタリックにすることも多いが，これも必ずと言う訳ではない．もう一つは，グラフのバーの付け方だが，棒の中は見えないので，ふつうは上側だけ見えるようにするんじゃないかな．これは，発表する学会で決まっているときもあるから，もう一度，確認する方がいいと思うよ．論文では投稿規定をよく読むことだね．以上の点を，書き直すと，次のようになる．

少し，細かく書きすぎているかもしれないが，この程度の情報は欲しいと思う．日本語で書く

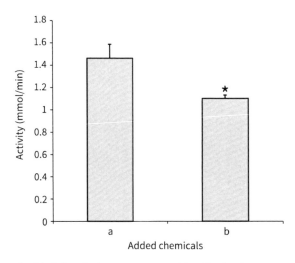

図 5.2　The effect of added chemicals on enzyme activity. Student's t-test was used to compare two groups.Difference was asseced with two-side test with an alpha level of 0.05.Values are means ±SD of three independent experiments. Asterisk indicates a significant difference(p < 0.05).

場合も，必要なものは同じだ．

A さん：論文や報告書の場合はどうなんですか．やっぱり，図に，これだけ書かないといけないんですか．

X 教授：論文の場合は，Materials and methods の項に Statistics という項を作って方法の詳細を書けば，図の下にそれほど多くのことを書く必要はない．Statistics には，The data were analyzed for statistical significances using Student's t-test. Difference was asseced with two-side test with an alpha level of 0.05. と書いて，図の下には，Values are means ±SD of three independent experiments.Asterisk indicates a significant difference(p < 0.05). と書けばいいんだ．

B 君：統計処理で共通している部分は，まとめて Materials and methods の項に書けばいいんですね．何となく分かってきました．

A さん：さらっと流しているけど，私たちの指導教員も間違っていたんですね．

B 君：そこを．わざわざ，つつかなくても．

X 教授：まあ，そういうことだね．この部分の書き方は雑誌を見ればわかるが，本当にきちんと書いている人の方が少ないと思う．これは，統計の教育が単に，計算ができればいいというスタンスで行われてきたからだ．今でも，書き方まで指導しているというのは少ないんじゃないかな．たった 100 個の図表についてみただけで，思ったより記述の内容がバラバラだろう．そして，情報の不足も結構見られる．統計に関する記載は，研究そのものとは関係ないと思われるかもしれないが，おろそかにすると論文の信用に関わることもあるから注意が必要だ．

A さん・B 君：驚きの結果ですね．僕たちは，間違いなく書けそうです．

X 教授：よかった．後，もう 1 点．データの表し方だけど，なぜ，SD（標準偏差）を使っているんだね．

B 君：どの論文も使っているので．

X 教授：よく考えてみよう．君が比較したいのは平均値の違いじゃないかな．

B 君：そうです．

X 教授：では，平均値の広がりを表すのは標準偏差かな．

A さん：標準誤差ではなかったでしたっけ．

X 教授：その通り．一般には SD を使われているんだが，本当は SE（標準誤差）を使う方が理にかなっているんじゃないかと思うんだ．だが，必ずこうしなければならないということではないんで，何を，自分が表したいかよく考えて，SD を使うか SE を使うかを判断すればいいと思う．

A さん・B 君：分かりました．

X 教授メモ

　生物工学関係の有名雑誌に掲載された論文の図表から無作為に 100 個選んで調べてみたところ，エラーバーが記載されていないもの：7 個（大規模発酵など実験回数が 1 回の場合はやむを得ない），エラーバーの意味を記載していないもの：33 個，実験の反復数の記載のないもの：33 個だった．おおよそ全体の半分弱の記載に問題があり，特に発酵結果の表で記載忘れが目立つようだ．日本を代表する国際誌として対応が必要かもしれない．

　また，12 個の Student's t-test の事例のうち，両側検定と明記されたもの：17 %（2/12），unpaired と明記されたもの：25 %（3/12），等分散を議論したもの；なし（0/12）だった．検定法としては ANOVA（5/100），Tukey's test（4/100）などもよくつかわれているようだ．有意確率 p が小文字のものは 71 %（15/21）とひろく認識されているようだが，このあとで話題になる標準偏差と標準誤差の選択では標準偏差が 86 %（8/57）と多数派だった．

5.2　検定法の選択

X 教授：ところで，統計処理の内容について見てみたいんだけど．

B 君：何か間違っていますか．

X 教授：このデータの処理法として，本当に，Student's t-test. でいいのかな．

B 君：はい．等分散検定をしましたら，

```
> a <- c(1.55,1.32,1.52)
> b <- c(1.11,1.07,1.13)
> var.test(a,b)
data:  a and b
F = 16.75, num df = 2, denom df = 2, p-value = 0.1127
```

で等分散だと見ていいと出ましたから．

A さん：a も b も三つしかデータがないから，本当に，正規分布に従う母集団からとってきたとしても，母集団の分散をデータから推定できるんですか．

B 君：へっ．何も気にしていなかった．

X 教授：いいところに気が付いたね．多くの場合，何も気にせずに，データは正規分布に従う母

集団から無作為にとってきたと思いこんでいるんだ．よく考えると，少ないデータから計算
した不偏分散がの集団の分散の推定値だと見ていい保証はないんだ．もちろん，疑えばきり
がないが．試しに，Student's t-test. の場合と Welch's t-test の場合を比べてみよう．まず，
Student's t-test では

```
> t.test(a,b,var.equal=T)
t = 4.8445, df = 4, p-value = 0.008373
```

確かに，p<0.05 で有意差が認められるね．では，Welch's t-test では，

```
> t.test(a,b)
data:  a and b
t= 4.8445, df = 2.238, p-value = 0.0319
```

これも，p<0.05 で有意差が認められるね．ただ，p 値の大きさは全然違うだろ．

B 君：どういうことなんですか．

X 教授：データ数が少ないときにはよくおこる現象だね．データ数が少ないから，いくら注意し
て実験を行っても，偶然，値が偏ってしまうこともありうる．このデータはまさに，その状況
なのかもしれないね．幸いにも，二つの検定で同じ結果を出したが，結果が異なる場合もあ
る．例えば，Student's t-test. の場合は有意差あり，Welch's t-test の場合は有意差なしとな
ることもある．等分散検定で等分散だとなっても，データ数が少ないときは，そのまま進めて
もいいのか注意が必要だ．等分散検定も，計算結果に過ぎないからね．

A さん：どうすればいいんですか．

X 教授：今は，パソコンで簡単に計算できるから，Student's t-test. と Welch's t-test の両方を
行ってみて同じ結果になれば，Student's t-test. の結果を信用していいのではないかと思う
が，p 値が大きく違うときは，データ数を増やす必要があるかなと思う．

B 君：やってみます．

〜数日後〜

B 君：データを増やした結果を持ってきました．

```
> a <- c(1.55,1.32,1.52,1.62,1.73,1.57)
> b <- c(1.11,1.07,1.13,1.01,0.98,1.13)
> var.test(a,b)
F = 4.4662, num df = 5, denom df = 5, p-value = 0.1262
```

等分散となったので，Student の t-検定を行いました．

```
> t.test(a,b,var.equal=T)
t = 7.857, df = 10, p-value = 1.379e-05    (1.379e-05=1.379×10⁻⁵ を意味する)
```

念のため Welch 検定も行いました．

```
> t.test(a,b,var.equal=F)
t = 7.857, df = 7.1321, p-value = 9.263e-05
```

両方とも同じ結果ですし，p 値も同じように小さいので，有意差ありとしていいと思います．
データを増やすとスッキリしました.

A さん：本当ですね．

X 教授：よく，実験を繰り返したね．統計は，単なる計算結果だが，その結果をどう見るかが大
事なんだ．今回のように，三つのデータだけで結論を出そうとすると，もしかすると間違って
いるかもしれない．そこで，慎重に，二つの検定法の結果を比べて実験を繰り返すことで，正
しい結論にたどり着けるんだ．今回は，三つのデータで Student's t-test の結果と同じ結果に
落ち着いたが，いつもこうなるとは限らないからね．

B 君：分かりました．

A さん：もし，実験を繰り返すことが難しい場合は，どうすればいいんですか．

X 教授：ケースバイケースだが，間違いを起こさないという観点からすれば Welch's t-test を選
択する方がいいだろうね．Welch's t-test の方が厳しい目の判定になるから．ただ，最初の
ケースの場合だと Welch's t-test で有意差がないと出ても，これで有意差がないと結論を出す
のは早いと思う方がいい．Student's t-test. では，ギリギリだが有意差が出ているから．つま
り，「得られたデータからはハッキリと有意差があるかどうかの判定はできなかった」という
結論に落ち着くのではないかな．

B 君：こんな時は，ハッキリさせるために実験を繰り返す方がいいんですね．

X 教授：その通りだね．

A さん：だから，再現性がうるさく言われるんですね．

B 君：それだけじゃないけど．統計処理の面からは，データを増やすことになるのかな．

X 教授：そう考えてもいいだろう．

5.3　対応のある 2 群の平均の差の検定

X 教授：ずっと，先送りになっている対応のある場合について話しておこうか．

A さん：そうでした．

B 君：お願いします．

X 教授：今まで勉強してきたのは，全て対応のない場合だ．対応のない場合は，これまでのデー
タは，たまたま同じデータ数の 2 群を扱ってきたが，2 群のデータ数が異なってもいいんだ．
ところが，対応のある場合は，データ数は同じでなければならない．まず，どの様な場合が，
対応のある場合に相当するかということを説明しよう．5 種類のサンプル中の有効成分量を 2
通りの方法，D 法と E 法，で分析したする．本来なら，同じ結果を出すはずだが，分析法の特

徴から実測データに少しの違いの出ることがある．このとき，二つの方法で得られるデータは同じ値とみていいと言えるかどうかが問題となる．ここケースでは，同じサンプルの分析値同士を比べないといけないね．こういった比較の相手が決まっている場合が，「対応のある場合」に相当するんだ．次のようなデータを得たとする．

表 5.2　二つの方法による分析結果

方法	分析結果 (mg/L)				
	S1	S2	S3	S4	S5
D	15.1	14.3	14.9	15.9	13.2
E	15.7	15.6	14	17.2	13.8

X 教授：まず，帰無仮説は「D 法と E 法で，分析結果に違いはない」となり，対立仮説は「D 法と E 法の分析結果は異なる」となる．有意水準 $\alpha = 0.05$ で検定してみよう．対応のある場合は，まず，両データの差を求めるんだ．

```
> D <- c(15.1,14.3,14.9,15.9,13.2)
> E <- c(15.7,15.6,14.0,17.2,13.8)
データの差を新しい変数 diff として，
> diff <- E-D
> diff
 [1] 0.6 1.3 -0.9 1.3 0.6
```

この差の母平均が 0 とみなせれば，有意差はないという結論になると考えるんだ．そこで，R では，

```
> t.test(diff)
t = 1.4437, df = 4, p-value = 0.2223
alternative hypothesis:  true mean is not equal to 0
```

となり，p-value = 0.222 だから帰無仮説を採用して，有意差はないとの結論になる．alternative hypothesis は対立仮説のことで，この部分で平均が 0 と比較していることを確認ができる．

B 君：よく分かりました．

A さん：私たちが対応のある場合の検定をすることはありますか．

X 教授：あまりないと思うな．ただ，可能性は 0 ではないので，知識として知っておく方がいいと思う．

B 君：あと，実験を繰り返すと，とんでもなく外れたデータが出るときがあるんです．どう扱えばいいんですか．

A さん：私なんか，しょっちゅう出ますよ．

X 教授：実験のウデの問題もあるだろうけど．今日は時間がないので，次回に話をしよう．

A さん・B 君：お願いします.

A さん：先輩，次回も楽しみですね！

X 教授メモ 2

　　Microsoft Excel で有意差検定を行う場合に使う TTEST 関数の書式は下記の通り.

　　TTEST（配列 1, 配列 2, 尾部, 検定の種類）

　　尾部が 1 の時は片側，2 の時は両側検定となる. また，検定の種類は 1 が対応のある 2 群，2 が対応のない等分散の 2 群 (Student't-test)，3 は対応のない非等分散の 2 群（Welch's t-test）の検定となる. したがって，反復数 n =3 のデータで有意差検定をする場合は

　　TTEST（配列 1, 配列 2, 2, 3）

　　としておくのがもっとも間違いがない.

5.4　練習問題

問 5.1　学術雑誌に掲載された論文にある統計に関する記述を確認してみよう. 十分な情報が書かれているものもあれば，そうでないものもあるはずである.

問 5.2　対応のある場合の検定が必要となる場合が，自分の研究などに関連することであるかどうか考えてみよう.

参考文献
[1]　奥田千恵子：医薬研究者のための統計記述の英文表現，金芳堂 (2004).

第6章　外れ値にご用心

A さん：先輩，先日教えてもらいながらやった培養実験のデータを見てもらえますか.

B 君：抗生物質生産菌株の生産量比較だよね. もちろん. いいよー.

A さん：3 回実験をしたんですけど，3 回目がおかしいかなと思って，土曜日に 4 回目をやりましたよね（表 6.1）.

表 6.1　抗生物質生産量（mg/L）の測定結果

微生物	1 回目	2 回目	3 回目	4 回目
A 株	10.2	9.8	10.6	10.8
B 株	8.1	9.5	10.5	8.5

　A 株の方が高生産かなと思って検定してみると

```
> a <- c(10.2, 9.8, 10.6,10.8)
> b <- c(8.1,9.5,10.5,8.5)
> t.test(a,b)
t = 2.063, df = 3.9915, p-value = 0.1082
```

で有意差はなかったんですが，3 回目がおかしいように思えて外してみると，

```
> a <- c(10.2, 9.8,10.8)
> b <- c(8.1,9.5,8.5)
> t.test(a,b)
t = 3.0857, df = 3.5749, p-value = 0.04268
```

となって，有意差が出るんです. 3 回目のデータはどう取り扱えばいいんですか.

B 君：困ったな. 以前なら，外してしまおうと言うところだけど，外すとまずい気もするし. ところで，指導してもらっている T 先生はなんて言っているの？

A さん：「外してもいいんじゃない？」なんですけど‥‥.

B 君：X 教授に聞いてみよう.

　このような状況は，皆さんの研究室でもよく起こっているのでは. その時，皆さんはどう対処されているだろうか.

6.1　データの正確さ

X 教授：今日はどうしたのかな.

A さん：実は――という訳なんです.

B 君：僕も，統計学を勉強してみて，簡単にデータを外せないような気がして.

X教授：B君も，随分成長したじゃないか．

B君：そうでしょう．

Aさん：でも，土曜の実験の後——．

B君：ダメ，ダメ．

X教授：このまま雑談でも，一向に構わないが，話を元に戻そうか．つまり，3回目のデータを外れ値と扱っていいかどうかだね．もし，3回目のB株のデータだけがおかしいとしたら，どうなるかな．

```
> a <- c(10.2, 9.8, 10.6,10.8)
> b <- c(8.1,9.5,8.5)
> t.test(a,b)
t = 3.498, df = 3.1278, p-value = 0.03702
```

X教授：やっぱり，有意差は出るね．

Aさん：B株の3回目だけ外せばいいんですね．

X教授：そう簡単にはいかないんだ．少しデータについて見てみよう．そもそも，測定データには誤差が付きものだというのは聞いたことがあるね．

Aさん・B君：はい

X教授：「誤差とは何か」知っているかね．

B君：正しい値との差だと習いました．

X教授：その通り．でも，正しい値は，ほとんどの場合知ることはできないね．そこで，いくつもデータをとって，その平均を正しい値と考えたんだ．誤差が正規分布に従うというのは中心極限定理で示されているから成り立つんだが．ここまでの話で，一つ不正確な個所があるんだが分かるかな．

Aさん：分かりません．

B君：僕も．

X教授：少し教科書的な説明になるが，この図（図6.1）を見てもらおうか．

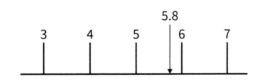

図6.1　物差しを使い，ものの長さを測定最小目盛りの1桁下まで読み取る

よく実験で，測定器具の最小目盛りの1桁下まで読み取りなさいと言われなかったかい？

B君：いつも，言われています．

X教授：たとえば，この図では5.8と読んでいるが，2人はどう読む？

A さん：私も 5.8 くらいかなと思います.

B 君：僕は 5.7 の方がいいかなと思う.

X 教授：そうだろう. 人によって, 最後のケタの読みが違ってくる. この他にも, サンプリングや試薬調製, 測定機器の操作など人が関わる場面はいくつもあると思う.

B 君：確かに.

X 教授：このように, 人が関わることで生じてくる誤差を偶然誤差と言うんだ. この偶然誤差が正規分布に従うんだ. では他に, 誤差を生む要因はないかな？

A さん：測定機器の調子が悪いときです.

X 教授：そうだね. 測定機器の調整不足や, 測定方法でも出てくる. たとえば, この方法は少し高めの数値が出るなんて聞いたことがないかね？

B 君：あります.

X 教授：測定機器や測定法により生じる誤差は系統誤差と言うんだ. 測定機器の場合は十分調整してやれば, 誤差は無視できる程度にできるし, 測定法の場合は誤差の出る方向（プラスかマイナスか）が決まっているので補正が可能だ. しかし, 偶然誤差は生じる方向は決まっていないし, 大きさもまちまちなので補正できない. だから, 測定誤差は避けられないんだ.

A さん：誤差に 2 種類あるなんて知りませんでした.

B 君：指導してもらっている T 先生が, A さんの使っている方法は精度の高い方法だから正確な値が出ると言っていたよね. でも, 誤差は生じるんですよね.

X 教授：本当に T 先生はそう言ったのかね？　とんでもない話だ, まったく‥‥.

A さん：落ち着いてください.

X 教授：「精度が高い」と「正確な値が出る」ということはまったく関係がないんだ. よく間違えるので, 説明しておこう. 大事な三つの言葉があるんだ.

　　正確さ（accuracy）：測定値と真の値がどの程度一致しているかの程度. つまり, 両者の差が小さいほど, 正確だということになる.

　　精度（precision）：同じ量を繰り返し測定した場合, 得られるデータの一致の程度. つまり, ある量を 3 回測定した場合, 3 回の測定データの間の差が小さいほど精度が高いとなる.

　　感度（sensitivity）：二つの異なった量を区別できる程度のことであり, 言い換えれば, 二つの量がどの程度違っていれば区別可能かを表す量である.

X 教授：正確さと精度, 感度はまったく違うことを表しているんだ.

B 君：まったく知りませんでした.

X 教授：有効数字という言葉を聞いたことがあるね？

A さん：はい. でも, なんかよく分からないんです.

X 教授：測定値には, 必ず誤差や測定の限界があるね. だから測定で得られるデータには信頼性の限界があると言っていい. つまり, "何桁目までが信頼できるか" ということが, 測定値の取り扱いのうえで重要だ. この信頼できる桁数（測定の精度によって保障される桁数）を有効数字と言っているんだ. 有効数字には,

・有効数字の最後の桁には少なくとも ±1 程度の不確かさがある.

・有効数字の桁数は小数点の位置とは無関係である.

・演算（加減乗除）において，得られる結果の有効数字は演算に用いた中で最も少ない桁数に一致させる.

という約束がある. たとえば，1.23 と 0.123 は同じ 3 桁だね. 1.23×100 と 1.23×10^{-1} とすればよく分かると思う. ただし，三つ目のルールは要注意だ. たとえば，メスシリンダーやピペットを使って容量を測定した場合，最小目盛りの 1 桁下までを通常は読み取り，ここまでが有効数字となる. 今，最小目盛りが 0.1 mL であったとする. 読み取った値が，1.11 mL，12.56 mL というケースが当然生じてくる. このとき，有効数字の桁は 3 桁と 4 桁となり，同じ測定器具を使っているのに，桁を揃えることができなくなる. このような場合は，有効数字は小数点以下 2 桁目までというように決めることになる. 演算の時も同じ測定器具だけしか使わない時は，小数点以下の桁数で揃えるほうがいい. 個々のケースで考えないとね.

A さん・B 君：なるほど.

X 教授：精度や感度は，この有効数字の桁数と関係する量なんだ. 少し横道にそれたけど，外れ値の話に戻ろう.

6.2　外れ値の判定

X 教授：A さんの 4 回分のデータをもう一度，よく見てみよう. この時は以前，説明した箱ひげ図（図 6.2）を書いてみるといい. 覚えているかな？

A さん：何となく.

B 君：勉強しておきます.

X 教授：何度も繰り返すことが統計学の理解には必要だから，いい機会と思って勉強するといい.

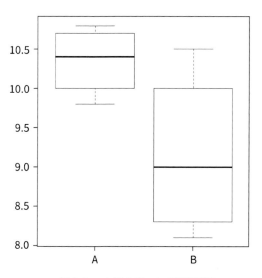

図 6.2　　4 回のデータの箱ひげ図

```
> a <- c(10.2, 9.8, 10.6,10.8)
> b <- c(8.1,9.5,10.5,8.5)
> boxplot(a,b)
```

3 回目の結果を外したらどうなるかやってみよう．

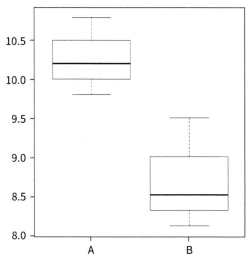

図 6.3　3 回目のデータを除いた箱ひげ図

B 株の 3 回目のデータだけを除いた場合は，

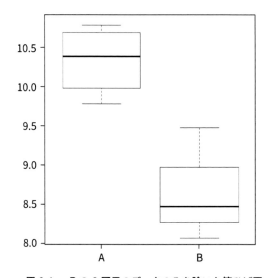

図 6.4　B の 3 回目のデータのみを除いた箱ひげ図

X 教授：どうかな？

B 君：やっぱり，B 株の 3 回目のデータがないとまとまっていますね．外れ値と言われるとそうだと思えてきます．

A さん：私も．

X 教授：2 株で差が出るといいなという期待を持っているから，外れ値であってほしいと思えるのではないかな．

A さん：確かにそうです．

X 教授：2 株に抗生物質の生産力の違いがあるとは，まだ分かっていないんだろう？　分かっていないんだったら，期待を持つのは悪いことではないが，期待の通りになる方向で判断するのはよくないな．まず，冷静に評価するという態度が必要だ．

B 君：仰せの通りです．

X 教授：客観的に判断しろと言われても困ると思うので，一つ，外れ値かどうかの判断を助けてくれる方法を教えよう．Dixon 法（Q テストとのよばれることもある）という方法だ [1,2].

A さん・B 君：聞いたことがない方法です．

X 教授：この方法は，データの母集団が正規分布であることを前提にしていることを忘れないでほしいんだ．測定誤差は正規分布に従うと言ったね．

A さん：はい．

X 教授：では，どんなデータにでも使えるかというとそうではない．たとえば，生物の行動や成長などはポアソン分布に従うケースも多々あると聞いている．このようなデータには使えないんだ．生物が作る物質の量を測定する場合でも，生産量の測定値の誤差は正規分布に従うけれど，生産量そのものが正規分布になっているのかどうかわからないね．つまり，X という株があり，ある一つのフラスコ中の生産量を測定したとき，測定値の分布は正規分布になるが，いくつもフラスコがあり，すべてのフラスコの測定値を並べたときに，正規分布になるかどうかは分からない．生物に関係するデータを扱う時は慎重になる必要があるという例だね．

B 君：なるほど，この菌 X は X 教授みたいにひねくれものですね．

X 教授：よく分かってきたね．今度，ゆっくりと話をしようじゃないか．

B 君：冗談です．おゆるしを．

A さん：早く先に進みましょう．

X 教授：そうしよう．t-検定を行うんだから正規分布として Dixon 法を使ってもいいことにしよう．Dixon 法での判定法は，まず，Q 値という値を計算する．異常値と思われる数値を Ab，Ab にいちばん近い値を Nn，データの最大値 max，データの最小値 min として，Q 値は

$$Q = \frac{|Ab - Nn|}{\max - min}$$

で定義される．A さんの B の菌のデータについて計算すると，

$$Q = \frac{|10.5 - 9.5|}{10.5 - 8.1} = 0.417$$

となるね．これを臨界値というものと比べるんだ．

A さん：臨界値ですか．

X 教授：臨界値の表（表 6.2）[3] があるから安心して．

X 教授：信頼限界とは，どの程度信頼できる区間を想定しているかということだ．以前説明した

信頼区間の両端を信頼限界といったのを思い出してくれると分かると思う．測定回数は 4 回だから，その値を見ると 90 ％の信頼限界が 0.761, 95 ％の信頼限界が 0.829 で，どちらの値も Q 値より大きいね．つまり，外れ値を考えることができないという結果なんだ．

表 6.2　　Dixon 法における臨界値

測定回数	信頼限界	
	90%	95%
3	0.941	0.97
4	0.765	0.829
5	0.642	0.71

A さん：そうなんですか．何か，見た目の感じだけでいうと，随分，他のデータと比べて大きいから外してもよさそうに思えたんですが．

B 君：T 先生は，どうして外してもいいと言ったんだろう．

X 教授：多分，今，A さんが言ったように見た目で外れていそうだということと，2 株で差が出るといいなという期待を持っているからじゃないかな．多くの研究者は，仮説を持って研究に当たるね．当然，必要なことなんだが，仮説の通りになればいいという意識が強くなると，データを無意識に合わせようとしてしまう．その結果，少し合わないデータを外れ値としてしまうんだ．こんなことがないように，十分注意しないといけないね．ただ，Dixon 法に頼りきるのはよくないことも知っておいてほしいんだ．もし，3 回目の実験のとき，何か，気が付かない原因で測定装置の不具合があったとか，この時使った試薬に不備があったなどの可能性も 0 ではないと思う．また，試薬や装置に不備がない場合でも，Dixon 法はあくまでも参考としておくのがいいね．というのも，統計的には，外れ値と出ても，間違いのデータではないこともある．これまで，外れ値と思われ，見過ごされてきたが，実は，大発見ということもあるので，やはり，外れ値とする場合は，慎重にしないといけないね．

A さん：うーん．あ，確かこのサンプルって，B 先輩がかわりにサンプリングしてくれたやつですよね．

B 君：そういえば … 内部標準が見当たらなくて自分の古いやつを使ったんだわ …．

X 教授：原因がはっきりしているときは，その回のデータは除外できるかな．とにかく，データの取り扱い方は，統計的な考察だけで決まるものではないことを十分理解しておいてほしいんだ．何も不都合なく測定したデータについては，統計的な処理が有効だと考えるといいと思うよ．

A さん：分かりました．これは，内部標準を作りなおして土日に再実験ですね．解決法は，これしかないと思いますから．先輩も付き合ってください！

X 教授：それが一番いい解決法だね．

6.3　練習問題

問 6.1　表 6.3 のような実験結果を得たとする．3 回目の測定を，どう扱うかを考えてみよう．

表 6.3　抗生物質生産量（mg/L）の測定結果

微生物	1 回目	2 回目	3 回目	4 回目
C 株	4.3	5.2	8.9	4.1
D 株	5.9	6.2	3.1	6.5

参考文献

[1]　Dean, R. B. and Dixon, W. J.:*Anal. Chem.*, **23**, 636 (1951).

[2]　Rorabacher, D. B.: *Anal. Chem.*, **63**, 139 (1991).

[3]　化学同人編集部編：実験データを正しく扱うために，化学同人 (2007).

第7章　多重比較って何？

　ここまでの章で，平均の差の検定の話は一応終わったとお考えではないだろうか．実は，もう一つ大事な話が残っている．たとえば，三つ以上の条件から得られた結果の平均値に有意差がないか比較する場合がある．それから，マイクロアレイ解析のように 2 条件間で数千以上の異なる遺伝子の発現量を比較することもよく行われている．このようなとき，どうやって平均を比べるべきなのか．今回は，この問題を考えてみたい．

7.1　t-検定は繰り返すべからず？

A さん：B 先輩，昨日の映画帰りの件，調べてきましたよ．片思いの相手と高校 3 年間のクラス替えで 1 回も同じクラスになれない確率は 1 学年 10 クラスの場合 $(1-0.1)^3 = 0.729$ であってます．

B 君：こっちも調べたよ．偶然同じクラスになる確率が 0.1 なんだから $0.1*3 = 0.3$ のはずっていう K さんの計算法は，確率じゃなくて期待値だね．

A さん：いつもクールな K 先輩が，映画のクラス替えのシーンにあんなに熱くなっちゃうなんて，博士課程ってそんなに大変なんですか？

B 君：そうみたいだね，そっとしてあげよう．だけどさ，この計算は今やっている研究に出てくるんだよね．大腸菌の野生株と変異株の間で発現量が異なる遺伝子を，3 連の実験でマイクロアレイを使って探索しているんだけど，有意水準 $\alpha = 0.05$ にして Student の t-検定をすると，発現量に有意差がない遺伝子も 5 ％の確率で有意差があるという結果に偶然なってしまうというのはいいよね．

A さん：以前，X 教授に教えてもらいましたね．

B 君：でも，大腸菌のマイクロアレイでは約 4000 遺伝子で t-検定を行うから，さっきの C さんの方法で，$0.05*4000 = 200$ 遺伝子を本当は発現量に有意差がないのに有意差あり，と誤って判定する期待値が計算できるんだな（擬陽性）．つまり有意水準 $\alpha = 0.05$ で t-検定をして 300 遺伝子に有意差があったとしても擬陽性の期待値が 200 遺伝子なんだから，擬陽性率は $200/300 = 66$ ％ってことになってしまって解析結果が使い物にならない．

A さん：なるほど，検定の繰り返しには要注意ですね．じゃあどうしたらいいんでしょう？

B 君：‥‥．ところでこないだの 3 種類の菌の抗生物質の生産量（mg/L）を調べた結果はどうなったの？

A さん：（都合が悪くなるとこうなんだから‥‥）．前回，先輩が使った菌体 A と B に，あたらしく C を加えて，さっき出ました．

表 7.1　菌体による抗生物質の生産量

菌体	生産量 (mg/mL)			
A	10.2	9.8	10.6	10.8
B	8.1	9.5	10.5	8.5
C	11.3	12.7	12.5	11.9

Cが一番生産性がいいと思うんですが，統計的に確かめるにはどうすればいいんでしょうか？

B 君：うーん，やっぱり Student の t-検定かな？

A さん：でも，今まで 2 組のデータの間の t-検定しか出てきませんでしたよ．

B 君：だから，2 組ずつ組を作って t-検定して，後で，まとめればいいんだよ．この間読んだ論文でもそうしていたし．

A さん：かなり不安 ⋯ 二つまとめて X 教授に聞いてみましょう．

7.2　検定をくりかえすと ⋯

A さん：X 教授！ ——ということなんですが，どうしたらいいんでしょうか？

X 教授：まずは 3 群の比較からいこうか．その B 君の見た論文は大間違いだ．だが，B 君を責められんな．最近は皆，注意するようになってきたが，少し前までは，平気で B 君の言ったような方法で正しいと思っていたんだからな．今でも間違った検定で通っている論文を見かける．ここで「t-検定は 2 群の平均の差の検定にしか使えない」ことを肝に銘じてほしい．3 群以上の場合には，Student にしても Welch にしても t-検定は使えないんだ．

A さん・B 君：そ，そうなんですか．

A さん：でも，どうして t-検定を繰り返してはいけないんですか．

X 教授：t-検定を行う時に有意水準を定めたことを思い出して欲しいんだ．今，仮に有意水準 $\alpha = 0.05$ にしたとしよう．2 群間の t-検定を繰り返すとすると．A さんは A，B，C の 3 種の菌で比べたいから A-B，A-C，B-C の 3 回 t-検定を行うことになるね．1 回の検定で有意差が出ない確率は (1-0.05) だから，3 回で一度も有意差が出ない確率は $(1-0.05)^3 = 0.857$ となる．つまり，有意水準 $\alpha = 0.05$ のつもりだったが，3 回繰り返すことで，有意水準は $1-(1-0.05)^3 = 0.143$ と，14.2 ％になってしまったわけだ．本当は有意差なしと判定すべき時に，有意差ありとしてしまう確率が大きくなっているんだ．

B 君：驚きです．繰り返すだけで，有意水準が変わるなんて．肝に銘じます．

A さん：思い出したんですけど，3 群以上の場合は分散分析を使えばいいって聞いたことがあります．

X 教授：なるほど．でも，今回の統計処理の目的は，どの菌が一番生産性がいいかを統計的にハッキリさせたいわけだろう．分散分析で可能かな．

B 君：えーと ⋯．

A さん：意地悪しないで，教えてくださいよ．

X 教授：よし，よし．では，分散分析の話から始めようか．

7.3　分散分析

X 教授：分散分析には，主なものとして一元配置分散分析，繰り返しのない二元配置分散分析と繰り返しのある二元配置分散分析があるんだ．一元配置分散分析とは，今回のデータのように，A，B，C の比較だけを行おうとする場合で，比較変数が菌体の種類という 1 種類だけの場合をいうんだ．もし，菌体の種類に加えて，実験の各回の比較も行うなら，変数に実験回が加わり，2 種類になるから二元配置分散分析になる．おそらく，生物工学の分野で使う可能性があるのは一元配置分散分析だと思うので，今回はこの方法だけを説明しよう．分散分析で

は，A さんの言うように 3 群以上のデータを取り扱うことができるんだ．そして，検定の 1 種だということも忘れないでほしい．検定というと，大抵の場合，t-検定を思い浮かべるが，他の検定もあるんだ．分散分析が検定であることを思い出すと，分散分析の帰無仮説は何だろうと考えると思うが．

A さん・B 君：そう言われると・・・．

X 教授：A さんのデータを使うことにすると，帰無仮説は「A，B，C の生産量の平均はすべて等しい」となるんだ．では，対立仮説は？

A さん：分かりません．

B 君：降参です．

X 教授：「A，B，C の生産量の平均はすべてが等しいわけではない」だ．つまり，分散分析で有意差が出たとき「どれかの平均に有意差があると見ていいが，どれかは分からない」というわけだ．

A さん：有意差があると分かっても，その先，進めないんですか．

X 教授：その通りだね．場合によっては．分散分析の結果で十分なときもある．品質管理なんかの時，普通は有意差が出ないことが前提で，全ロットに有意差がないことを確認するときは分散分析で十分だね．

A さん：私の場合は，分散分析では不十分なんですね．

X 教授：そうだね．いい機会だし，不十分だけど，きちんと分散分析ができることも大事かもしれないので，練習として分散分析を行ってみよう．

```
> A <- c(10.2,9.8,10.6,10.8)
> B <- c(8.1,9.5,10.5,10.8)
> C <- c(11.3,12.7,12.5,11.9)
```

三つのデータを一つにまとめよう．

```
> data <- c(A,B,C)
```

データにラベル（どの菌のデータか）を貼り付けるんだ．

```
> MB <- c(rep("A",4),rep("B",4),rep("C",4))
> MB2 <- factor(MB)
```

この操作でデータの割り付けができたんだ．確認すると，

```
> data
 [1] 10.2 ,9.8 10.6 10.8 ,8.1 ,9.5 10.5 10.8 11.3 12.7 12.5 11.9
> MB2
 [1] A A A A B B B B C C C C
Levels:  A B C
```

教授：実は，多重比較は先に説明した比較を行う手法の総称で，いくつもの方法があるんだ．いちばん基本的なものが Bonferroni 法だ．最初に見た A さんのデータの検定でいうと 3 回 t-検定を行う必要があるね．

さん：はい．

教授：有意水準 α を 0.05 のままにすると間違っていることは説明済みだ．そこで，有意水準を検定を繰り返す回数で割ってやる．つまり，0.05 ÷ 3 ≈ 0.0167 とするんだ．こうすると，さっき説明した問題が解決される．これが Bonferroni 法だ．ただし，この方法は判定基準が厳しくなり検出力が落ちるので，今はあまり使われない．よく使われるのは，すべての群間を総当たりで比較する Tukey-Kramer 法と，コントロール群とその他の実験群を比較する Dunnett 法だと思う．A さんのデータは Tukey-Kramer 法で比較するのがいいと思う．

ん：多重比較といっても，いろいろあって，方法の選択を間違うといけないんですね．

：統計を甘く見てはいけないということだね．

ん：自分も知らなかったくせに．

授：2 人は仲がいいね．この調子で切磋琢磨だね．

ん：いや，えっと，その B 先輩が‥‥．

授：(あれ？) まず，最初に，注意してほしいのは，Tukey-Kramer 法はデータの正規性を仮定していることだ．これは，Dunnett 法でも同じなんだ．今回は，正規性のないノンパラメトリックな場合の方法は説明しないことにするから，必要になってきたら自分で勉強してほしい．では，実際に Tukey-Kramer 法で検定してみよう．さっき説明した一元配置分散分析に続いて行う形が一般的だ．必ず，分散分析を行わなければならないことはないが，入力コマンドを見てもらえばわかるように，分散分析の結果を利用しているから，分散分析の時と同じ手順は必要になってくる．Tukey-Kramer 法では TukeyHSD という関数を使う．

```
TukeyHSD(aov(data~MB2))
  Tukey multiple comparisons of means
    95% family-wise confidence level
    aov(formula = data ~ MB2)

    Diff      lwr        upr        p adj
  -0.625  -2.2685591  1.018559  0.5594610
   1.750   0.1064409  3.393559  0.0377121
   2.375   0.7314409  4.018559  0.0074710
```

を見ると，有意水準 α = 0.05 なら A-C，B-C の間に有意差があるね．つまり，表 7.1 から判断して C が一番生産力が高いと言ってもいいかな (統計的な結論の出し方とは少し異なるが生物工学的にはこう言っていい)．

：分かりました．実験結果もよくて，研究を進められることが分かりました．ありがとうございます．

コントロールと比較することも，よくあるので Dunnett 法も教えてください．

：まず，表 7.1 のデータを少し変えよう (表 7.2)．A を Control にして，君たちがよく3 反復のデータとするだけどね．

X 教授：では，分散分析を実行しよう．

```
> anova(lm(data~MB2))
Analysis of Variance Table
Response:  data
          Df   Sum Sq   Mean Sq   F value   Pr(>F)
MB2        2   12.1250   6.0625    8.7475    0.00776 **
Residuals  9    6.2375   0.6931
-
Signif. codes:  0 '***' 0.001 '**' 0.01 '*' 0.05 '.' 0.1 ' ' 1
```

で有意差があると出た．分散分析にはいろいろな関数が用意されていて a

という関数でも実行できる．

```
> res <- aov(data~MB2)
> summary(res)
          Df   Sum Sq   Mean Sq   F value   Pr(>F)
MB2        2   12.125    6.062     8.747     0.00776 **
Residuals  9    6.237    0.693
-
Signif. codes:  0 '***' 0.001 '**' 0.01 '*' 0.05 '.' 0.1 ' ' 1
```

桁の切り上げが関数により違うが，この点を考慮すると同じ結果だとすく
うなソフトをきちんと使うには慣れが必要なので，参考書 [1,2] を見なか
みることが大事だ．

A さん：はい．結果を見ると C の生産力が高いと言えませんか？

B 君：でも，B だけが低いのかもしれないし．

X 教授：よく気が付いたね．二つの可能性があるね．分散分析だけでは，
よくあるんだ．では，どの菌が一番生産力が高いのかを調べることにし
比較という方法を使うんだ．

A さん：多重比較って，初めて聞きます．

B 君：僕も．

7.4 多重比較

X 教授：多重比較は 3 群以上ある場合，有意水準を上げずに個々の群と群
法と言われている．分りやすくいえば，A，B，C のどの群とどの群の
があるのかを，有意水準を $\alpha = 0.05$ なら 0.05 に保ったまま比較する
いと思う．

A さん：便利な方法があるんですね．修士課程の B 先輩はなぜ，知らな

B 君：学部の統計学で習わなかったし…，先生もうるさく言わなかっ

X 教授：まあ，多重比較まで統計学の講義で教えられることは少ないと
査で指摘されることが多くなってきて，多重比較も浸透してきたけど

B 君：多重比較はどう計算すればいいんですか？

表 7.2　菌体による抗生物質の生産量

菌体	生産量 (mg/mL)		
Control	10.2	9.8	10.6
B	8.1	9.5	10.5
C	12.7	12.5	11.9

Dunnett 法では multcomp というパッケージを使うので，まずこのパッケージをインストールしよう．

```
> install.packages("multcomp")
```

『パッケージを‘各自の PC での保存場所’にインストールします．このセッションで使うために，CRAN のミラーサイトを選んでください．』

と出て，ミラーサイト一覧が出てくるので，一番近くのサイトを選ぶとダウンロードとインストールが始まる．

『ダウンロードされたパッケージは，以下にあります．C:\各自の PC での保存場所』

と出れば成功だ．続いてデータの入力だが，これもいろいろな方法を知っておくのもいいと思うので，データフレームを使う方法を紹介しよう．

```
> dundata<-data.frame(cat = factor(c(rep(1,3),rep(2,3),rep(3,3)),labels =
c("control","B","C")),re = c(10.2,9.8,10.6,8.1,9.5,10.5,12.7,12.5,11.9))
> dundata
      cat      re
1 control    10.2
2 control     9.8
3 control    10.6
4       B     8.1
5       B     9.5
6       B    10.5
7       C    12.7
8       C    12.5
9       C    11.9
```

となる．

```
> plot(re~cat,data=dundata)
```

とするとデータの分布がプロットされる（図7.1）．これを見ると何となく C と Control に有意差がありそうに思えるね．

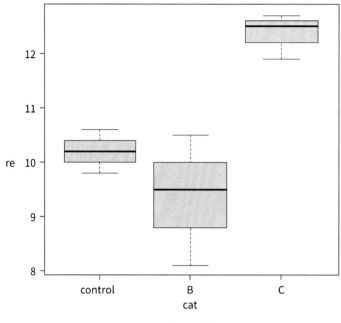

図 7.1　表 7.2 のデータの分布

```
> library(multcomp)
```

まず，分散分析を行う．

```
> dres1 <- aov(re~cat,data = dundata)
> dres2 <- glht(dres1,linfct = mcp(cat = "Dunnett"))
> confint(dres2,level = 0.95)
```

Dunnett 法を指定して，さらに，信頼区間を指定する．

```
> summary(dres2)
Multiple Comparisons of Means:  Dunnett Contrasts
Fit:  aov(formula = re ~ cat, data = dundata)
               Estimate Std.   Error    t value    Pr(>|t|)
B - control == 0   -0.8333      0.6301    -1.323     0.3717
C - control == 0    2.1667      0.6301     3.439      0.0244 *
-
Signif. codes:  0 '***' 0.001 '**' 0.01 '*' 0.05 '.' 0.1 ' ' 1
```

となって，図からの予想通り Control と C の間に有意水準 $\alpha = 0.05$ で有意差が認められる結果となった．

A さん：入力法は慣れるまで大変そうですけど，使えるようになったら便利ですね．

X 教授：それからもう一つ，マイクロアレイデータの解析では，B 君の言うように擬陽性が出て

しまうことが避けられないから，そのかわりに擬陽性率が許容範囲以下になるように有意水準を調節するという考え方をする．ただし，多重検定補正法にはいくつかの考え方があり，どれが正しいとも言えないので，実験結果に擬陽性率とその計算法を明記することが大事だ [3]．最近大規模データ解析が流行っているようだが，統計解析をきちんとしないと誤った結論を得てしまう．統計学の勉強は，手法の特徴や得られる結果の解釈に重点を置く時代になってきていると思う．手法の特徴が分かれば，正しい手法の選択ができるようになるからね．

〜帰り道〜

B 君：K さんに教えてあげなきゃね．

A さん：B 先輩，でも，配属された研究室に好きな人ができたら好きな人と同じ研究室になる確率は 1，ですよね？ たとえば，ですけど．

B 君：K さんそれで納得するかなぁ····．

7.5 練習問題

問 7.1　ここで紹介した分散分析法は一元配置分散分析とよばれる方法である．他に二元配置分散分析という方法もある．各自で，後者がどのような方法かを調べてみよう．

問 7.2　多重比較には，ここで紹介した以外の方法も多数ある．調べてみよう．

参考文献

[1]　金 明哲：R によるデータサイエンス，森北出版 (2007)．

[2]　山田剛史ら：R によるやさしい統計学，オーム社 (2008)．この他にも，R に関する書籍は多数あるので，一度見て，これなら分かりそうと思うものを選んでほしい．

[3]　B 君の説明していた方法は BH 法という．Benjamini, Y. *et al.: J. R. Stat. Soc. B*, **57**, 289 (1995)

第8章　χ^2 検定の使い方？

　A さんは，大学院に進学し，研究生活に慣れてきて，持ち前の好奇心がふつふつとわき上がって来たようだ．B 君も留年はせず M2 になった．この 2 人に少しは成長のあとを見てとることができるだろうか．

A さん：B 先輩，早速ですが，質問していいですか．

B 君：大学院生活に大分慣れてきたみたいだね．質問はいつでも，ドンとこいだ．

A さん：新 4 回生にも，そう言っていますよね．大丈夫ですか？

B 君：だんだん，言いたいことを言うようになってきた？

A さん：前からです．日本人の血液型の構成は A：B：AB：O が，大体，38：22：9：31 って聞きましたけど，この研究室はどうなんでしょうか．

B 君：急に血液型に興味が出たの？

A さん：この間，資料を見ていたら，血液型を見分ける乳酸菌の話を見つけて，面白そうだなと思ったんです [1]．それで，この研究室の血液型の構成はどうなのかなって，急に気になりだして．

B 君：今のメンバーだけじゃサンプル数不足だから，過去のメンバーのデータも集めてみようか．

A さん：そんなことできるんですか？

B 君：秘書の Y さんが血液型占いに凝っていてデータを持っているはずだよ．A さんも血液型聞かれたでしょ？

　Y さんはやはり 50 名のデータを持っており，それによると，A 型が 13 名，B 型が 13 名，AB 型が 9 名，そして O 型が 15 名であった．

A さん：日本人の典型的な比率と同じようにも思えるし，少し違うようにも思えますが，どうでしょうか．

B 君：対応のある t-検定を使えばいいんじゃないかな．

A さん：うーん．なんか違うような気がするんですよね．

B 君：信用してよ．それじゃ，X 教授に僕が正しいことを証明してもらいに行こうよ．

8.1　適合度検定

X 教授：やあ，久しぶりだね．今日は何かな？

A さん：ご無沙汰しています．それで，実は――です．

X 教授：なるほど．B 君はなぜ，対応のある t-検定を選んだのかな．

B 君：それはですね，A 型の数値同士を比較しないといけないので，対応があると考えたんです．

X 教授：数値に対応があるという点に気が付いたのは，進歩したと言っていいと思うが，後一歩，詰めが足りないな．

A さん：いつものことですね．こないだも‥‥．

X 教授：まず，対応のある t-検定だが，同じものを異なる二つの方法で測定したときに，方法により得られる数値に違いがあるかどうかを見るような場合に使われる方法で，同じものや事項から得られるデータというのが肝心なところなんだ．血液型という見方で言えば，対応のあるt-検定でもよさそうに思えるが，君たちの研究室にいた人のデータと，日本人の血液型構成を調べた検査対象者は同じではないだろう．

B 君：確かにそうです．

A さん：データを得た対象が違うから対応のある t-検定は使えないんですね．先輩，分かりました？

B 君：はい．大学院に入ると，急に強くなったね．

A さん：どんな方法を使えば分かるんですか？

B 君：スルー！

X 教授：統計学の教科書には必ず解説のある，適合度検定だな．この表（表 8.1）を見てくれるかな．

表 8.1　研究室メンバーの血液型の構成

	A 型	B 型	AB 型	O 型	合計
度数	13	13	9	15	50
期待確率	0.38	0.22	0.09	0.31	1
期待度数	19	11	4.5	15.5	50

度数 (n_i) はメンバーの総計 (N) 50名の内訳で，期待確率 (p_i) は日本人の構成比というのは分かるね．期待度数は，もし，標準的な構成比通りなら，各血液型の度数はいくらくらいかを計算したもの，つまり，Np_i の値だ．これを見るとどうかな．

A さん：少し，A 型と AB 型の人数が違うように思えますが．

B 君：確かに．

A さん：他に言うことないんですか．

X 教授：まあまあ，あまり先輩をいじめないようにね．次に，教科書的に言えば，χ^2 値を計算することになる．

$$\chi^2 = \sum_i \frac{\left(n_i - Np_i\right)^2}{Np_i}$$

で，度数と期待度数の類似度を示す指標だ．いろいろな場面で χ^2 値が顔を出すので，計算法くらいは覚えておいてもいいかもしれないね．

B 君：x^2 値ですか．

X 教授：x（エックス）ではなくて，ギリシャ文字の χ（カイ）だよ．統計学で出てこなかったかな．

B 君：統計学では，半分くらい確率と確率分布の話で，あとは t-検定の計算練習をしたところで

終わりましたから，適合度検定は勉強していないんです．

A さん：私もです．

X 教授：どうしても数学の先生は確率分布に力を入れるからな．ここでは教科書的な計算は基本的にはパソコンにさせるので，R に次のように入力してみよう．

```
> chisq.test(c(13,13,9,15),p=c(0.38,0.22,0.09,0.31))
X-squared = 6.7745, df = 3, p-value = 0.07944
警告メッセージ:
chisq.test(c(13, 13, 9, 15), p = c(0.38, 0.22, 0.09, 0.31)) で:
  カイ二乗近似は不正確かもしれまん.
```

有意確率 (p-value) を見ると有意差がなく，標準的な日本人の血液型構成比と一致していないとみるのは難しいという結論になるね．ただし，有意確率が 0.05 に近いので「カイ二乗近似は不正確かもしれません」という警告も出ているので，この結論としては「君たちの研究室のメンバーの血液型の構成比は，標準的な日本人の血液型構成比と一致していないとは言えないが，データが少ないので，結論を出すには注意が必要」という程度でいいのではないかな．有意確率がもっと下がるか，上がるかすると，この警告は出ないから，有意水準と有意確率の値が近いときは，結論の付け方に注意が必要だ．

注意

```
> chisq.test(c(13,13,9,15),c(19,11,4.5,15.5))
```

とすると，

```
data: c(13, 13, 9, 15) and c(19, 11, 4.5, 15.5)
X-squared = 8, df = 6, p-value = 0.2381
```

と全く違う結果となる．これは，確率を入力した場合は，与えられたデータが指定の確率になるかどうかを見ているので，データはあくまでも 4 個というように R は判断するが，注意のように期待度数を入れると，期待度数もデータと R は認識しデータ数は全部で 8 個となる．データ数の違いは自由度の違いとなるので，χ^2 検定の判定に用いる χ^2 分布の形が異なってくる．このため，結果が異なってくるわけである．

適合度検定を R で行う場合は，比率は普遍であると考えて確率を指定する方法をとるようにしてほしい．

A さん：分かりました．

X 教授：適合度検定では χ^2 値を使っているが，もう一つ，この χ^2 値を使う検定があるんだ．

8.2　独立性検定

B 君：何ですか．教えてください．

X 教授：独立性検定という検定法だ．適合度検定と独立性検定では，どちらも χ^2 値を使うので，合わせて χ^2 検定とよばれることが多いね．

B 君：初耳です.

A さん：独立性検定と言われても，さっぱり，どんな検定かイメージができません.

X 教授：まず，分割表というのを説明しようかな. 社会科学の諸分野ではクロス集計表とよばれることが多いものだね. たとえば，新薬 A と偽薬 B を多数の患者さんに飲んでもらったときに効果があったかを調べたとしよう（表 8.2）. お薬を飲んだという安心感で症状がよくなるプラセボ効果というのがあるので，何の効果もない偽薬との効果を比較するんだ.

表 8.2　新薬 A と偽薬 B の効果

	症状の改善	
	あり	なし
新薬 A	196	107
偽薬 B	78	211

この表は 2 行 2 列であるので 2×2 分割表とよばれる. 一般に，m 行 n 列の場合は m×n 分割表となる.

B 君：新薬 A は効果があるように見えますけど，偽薬もそこそこ効いてますね.

X 教授：独立性の検定というのは，今 B 君が言ったみたいに，行項目（ここでは新薬 A か偽薬 B か）と列項目（効果有，無）の間に関連性があるかどうかを検定するもので，この例では，新薬 A は偽薬 B より効果があったかということだね. 独立性検定の帰無仮説は，行項目と列項目は独立している，つまり，関連性はないということなので，この点はしっかりと押さえておく必要がある. 実際に計算してみよう.

```
> data <- matrix(c(196,107,78,211),ncol=2,byrow=T)
> data
     [,1]  [,2]
[1,] 196   107
[2,] 78    211
```

ncol は列数で，byrow=T はデータが行方向のデータであることを示している. この命令を入れてやると分割表と同じ形になる訳だ.

```
> chisq.test(data)
X-squared = 83.037, df = 1, p-value < 2.2e-16
```

となって，有意差があると出るので，新薬 A か偽薬 B かということが症状の改善とは無関係だということは難しい，つまり，関連がありそうだと言っていいことが分かるね.

X 教授：適合度検定は理論から導かれた予測値と，実験で観測された実測値が当てはまっているかどうかを議論できるので，生物工学分野でも出芽酵母の四分子解析などで大活躍したんだ. 独立性検定は，例のように新薬の効果を調べるときなどによく使われている. 2 群間の有意差

検定に比べると，最近はあんまり活用例を見かけないけど，使い方次第ではとても有力な方法になる．たとえば，新たな形質転換法の有効性を示すとか，マイクロアレイ解析で遺伝子発現に変化があったのか調べるときに使えるんじゃないかな．ぜひ自分の研究にも活用してほしい．

8.3　ノンパラメトリックな手法

A さん：ところで以前，2 群間の有意差検定の時に，t-検定は母集団が正規分布に従うことが前提だ，と教わりました．けど，データが正規分布にならないケースもあると思うんです．その場合どうしたらいいか教えてもらえませんか．

X 教授：確かに，そこまで踏み込んだ統計学の講義は少ないよね．ノンパラメトリックな手法を用いれば，データに正規性がない場合でも検定を行うことができる．2 群間の有意差検定の場合は Wilcoxon 検定がよく使われている．Wilcoxon 検定は比較する 2 群の分布がどんなものでもいいけど，同じ形であることが前提になるんだ．おそらく生物の研究対象であるなら，まったく分布の形が異なる 2 群を比較することはないと思うので，この方法を知っておくだけで十分だと思う．

B 君：確かにそうだと思います．

X 教授：Wilcoxon 検定の原理は，データを群に関係なく小さなものから順に並べて，それぞれの順位の分布が重なっているかどうかを見るということだ．生物工学分野ではほとんどの場合 2 群間で対応がない場合の Wilcoxon の順位和検定というものを使う（Mann-Whitney の U 検定という時もある）．例として，次の 2 群のデータ間に有意差があるかどうかを考えよう．

V 群：23, 18, 14, 12, 11, 7
W 群：20,19,15, 9, 6, 4

データ数が少ないので，正規性の検定をしてもハッキリしたことが分からないから，一度，箱ひげ図（図 8.1）を書いて分布を見てみよう．

```
> V <- c(23,18,14,12,11,7)
> W <- c(20,19,15,9,6,4)
> boxplot(V,W)
```

V は少し正規分布からずれているように思うね．それに，重なりは大きいけど中央値の位置は異なっているので，図だけからだと，同じ分布からのデータと言えるかどうか疑問に思うね．さっきも言ったように，データ数が少ないので，ここでは正規性のチェックはせずに，Wilcoxon 検定を行うことにするよ．まず，Wilcoxon の順位和検定から

```
> wilcox.test(V,W)
W = 21, p-value = 0.6991
```

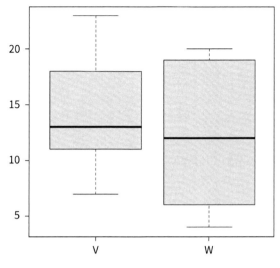

図 8.1　V および W の箱ひげ図

つぎに，同じデータで t-検定をすると，

```
> t.test(V,W)
t = 0.55494, df = 9.6699, p-value = 0.5915
```

A さん：有意水準 α を 0.05 とすると，どちらの検定でも有意差なしになっていますね．箱ひげ図からの印象とは，少し違うような気もしますが．後，私たちの研究では，データ数が少ないのはいつものことですし，t-検定でいいのか Wilcoxon 検定にしなければならないのか，どう見分ければいいんですか．

X 教授：まず，箱ひげ図は，得られたデータの分布を示しているだけで，母集団のことは何も考慮していないんだ．検定は，母集団のことを調べようとしている．この差が，A さんの言う印象の違いになっていると考えるといいと思うよ．ただ，前にも言ったように，計算結果でしかないと考えれば，どの検定法を使うかということは，統計学的に判断するより，科学的に判断すべき問題だと思うよ．類似のデータを扱った研究が幾つもあると思うから，その論文を読んで，データにどんな特徴があるのかを考えるといいと思う．単に，論文でこう検定しているからではなく，正規分布と考えても矛盾がないのかといった点に注目してデータを見るといいと思うね．そして，科学的に考えてパラメトリックなのか，ノンパラメトリックなのかを判断する習慣をつけてほしいな．

B 君：こういう意味でも，関連する論文を読むことが大切なんですね．でも R の入力の仕方は覚えたし，自分のデータで試せそうです．

A さん：ソフトの使い方だけ覚えて，統計ができる気になるなんて．本当に，教えてもらった方法を理解できたんですか？

B 君：それ，どう言う意味．

X 教授：A born fool is never cured. Throw in the towel. でもいいかな．

B 君：‥‥．

X 教授：ソフトの使い方を習得すると計算はできるが，結果の解釈はできないね．統計では，計算結果の解釈が重要だと何度も言ってきたと思うが．

A さん：先輩，今年も反省ばかりですね．

B 君：申し訳ありません．

8.4　条件付確率（例題付）

X 教授：統計処理法の理解も大事だが，統計的な感覚を持っていることも大事だ．2 人の統計的なセンスを試すために，次の問題を考えてみようか．

例題

　Z さんが，画期的な細菌 J の簡易検出法を開発した．細菌 J は，毒性が強いため注意が必要な細菌であるが，これまで感度の良い検出法がなかったので，検査場所でサンプリングした DNA を PCR で検査して，細菌 J の有無の判定を行ってきた．

　Z さんの方法では，細菌 J が一つでもいた場合，98 ％の確率で検出が可能である．細菌 J がまったく存在しない場合，間違って存在するとしてしまう確率は 5 ％である．実際に，細菌 J が検査する場所に存在する確率は経験的に 4 ％であるとされている．

　ある場所を，Z さんの方法で検査したところ，細菌 J を検出した．どう考えればいいか．

B 君：98 ％って非常に感度が高い方法で見つかったのですから，すぐに，消毒したほうがいいんじゃないですか？

A さん：待ってください．もっと慎重に考えないと．

X 教授：これから会議なんだ．次回までの宿題にしておこうか．

　本書を読んでいただいている皆さんは，どう考えられるだろうか．A さんや B 君と一緒に考えてみてほしい．解説は次章で．

参考文献

[1]　内田英明ほか：人血液型を認識するプロバイオティック乳酸菌の発見, 生物工学, **85**, 75 (2007).

以下の本も，統計的な感覚とはどのようなものかを知るのに役に立つと思うので，機会があれば手にとって見ていただきたい．

[2]　ダレル・ハフ著, 高木秀玄訳：統計でウソをつく法, 講談社ブルーバックス (1968).

[3]　神永正博：ウソを見破る統計学, 講談社ブルーバックス (2011).

第9章 相関と相関係数

データに相関がある，あるいはないという議論をよく耳にするが，よく理解して使わないととんでもない間違いを起こすことがある．例の二人は大丈夫だろうか？

9.1 相関がある？ ない？

Aさん：先輩，今日の研究室セミナーは准教授の先生にこてんぱんにやっつけられてましたね．

B君：とほほほ（涙）．菌体の抗生物質生産量に影響すると思われる物質を培地に添加して，抗生物質の生産量を見たら，添加した物質のlogPの間に正の相関がみられたんだよね（図9.1）．それで，logPの高いものほど抗生物質生産を促進する可能性がある．と考察したら…あああ，その後のことは思い出したくないよ．でも，どこがそんなにまずかったんだろ．

Aさん：先輩，アイスをおごってあげますから，気を落とさないでくださいね．まずはX教授に相談しましょ．

〜X教授のもとを訪ねた二人はこれまでの経緯を説明した〜

X教授：まずはデータを見せてみなよ．（図9.1を見て）ほほぉ，それでB君はどうしたのかな？

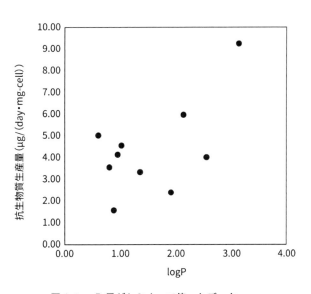

図9.1 B君がセミナーで使ったデータ

B君：Rのcor.test関数を使って相関係数を計算したら$r = 0.595$になりました（下記結果の一番最後）．

```
> logP <- c(0.80,0.60,0.95,1.02,2.14,1.35,2.55,3.13,1.91,0.88)
> Prod <- c(3.55,5.02,4.13,4.55,5.97,3.33,4.01,9.25,2.39,1.57)
> cor.test(logP,Prod)
  t = 2.0961, df = 8, p-value = 0.06936
    cor    0.5953978
```

B 君：この結果から有意水準 α を 0.05 としたときに，p 値は 0.05 より少し大きいですけど X 教授がいつもおっしゃっているように，科学的に考えると相関があると考えてもいいのではと思いました．統計の講義でならった表 9.1 を見ても「かなり相関がある」か「強い相関がある」としてよさそうなので．それで，logP の高いものほど抗生物質生産を促進する可能性があるとして議論しました．

表 9.1　相関係数と相関の強さ（複合同順）[1]

相関係数	相関の強さ
$0.0 \sim \pm 0.2$	ほとんど相関がない
$\pm 0.2 \sim \pm 0.4$	やや相関がある
$\pm 0.4 \sim \pm 0.7$	かなり相関がある
$\pm 0.7 \sim \pm 1.0$	強い相関がある
特に，$\pm 0.9 \sim \pm 1.0$	非常に強い相関があるという場合もある

X 教授：うーん．考え方は間違っていない．だが，惜しいだけに，准教授の先生が怒り出しても仕方ないかもね．相関係数や相関については，統計学の授業でも回帰分析の前座的な扱いしか教えないから，詳しいことを知らない学生も多いと思う．今回は詳しく話をしていこうか．まず，R の cor, cor.test 関数，Excel の correl 関数はデフォルト設定では Peason の積率相関係数というものを計算している．データ X，Y の X の i 番目の値を x_i，Y の i 番目の値を x_i，X の平均を $\overline{x}$，Y の平均を $\overline{y}$ とすると，Peason の積率相関係数 r は

$$r = \frac{\frac{1}{n} \sum_i (x_i - \overline{x})(y_i - \overline{y})}{\sqrt{\frac{1}{n} \sum_i (x_i - \overline{x})^2 \cdot \frac{1}{n} \sum_i (y_i - \overline{y})^2}}$$

となるんだ．分母は標本分散の積の平方根，分子は共分散に当たる．これが，統計学の教科書に載っている相関係数だ．n はデータ数だね．

A さん：共分散というのは初めて聞きました．

X 教授：共分散は X と Y がどの程度似ているかを表している量と考えていい．それから Peason の積率相関係数はデータの母集団が正規分布の時に，相関の程度を表すことができるんだ．

A さん：相関係数を求めるときもデータが正規分布になっていないといけないんですか？

B 君：なので，今回のデータで正規性の検定を行っているのですが[5]，どちらも正規分布にした

5　Kolmogorov-Smirnov 検定，第 4 章参照．

がってないとはいえない，という結果になっているんです．

```
> ks.test(logP,"pnorm",mean=mean(logP),sd=sd(logP))
D = 0.22595, p-value = 0.6104
> ks.test(Prod,"pnorm",mean=mean(Prod),sd=sd(Prod))
D = 0.18095, p-value = 0.843
```

A さん：でも准教授の先生は，相関係数を大きく見積もりすぎじゃないのか？ ってコメントしてましたよね．どういうことなんでしょう？

X 教授：データを見てみると 1 点だけ他からかなり外れたデータがあるよね．そのデータを除いた 9 点で散布図を書いてみたらどうなる？

A さん：なんだか，相関があるとはいえなくなっちゃいましたね（図 9.2）．

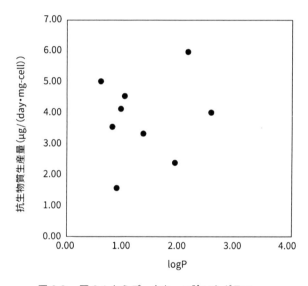

図 9.2　図 9.1 からデータを一つ除いたグラフ

B 君：この 9 点のデータで計算をやり直すと，

```
> logP2 <- c(0.80,0.60,0.95,1.02,2.14,1.35,2.55,1.91,0.88)
> Prod2 <- c(3.55,5.02,4.13,4.55,5.97,3.33,4.01,2.39,1.57)
> cor.test(logP2,Prod2)
t = 0.39241, df = 7, p-value = 0.7064
  cor   0.1467129
```

相関係数は $r = 0.147$，p-value = 0.7064 で検定もパスしないぞ，あれれ．それに，表 9.1 によれば「ほとんど相関がない」となってしまった．どうしてだろう？

X 教授：心理学とか医療分野では 50 とか，数百個というデータ点から相関係数を計算する．そんなときは表 9.1 を用いた解釈が妥当かなと思うよ．けど，今回の場合はデータの点数が少な

すぎる．たかだか 10 点のデータでは，データの母集団が正規分布に従うかもはっきりしない，それに，外れ値が一つあるとそれに引っ張られて，相関係数が大きく計算されてしまう場合がある．データ点数が少ないときは，かなり慎重になる必要があるんだよ．さっき説明してくれた B 君の解析法に間違いはないんだ．けど，実験結果から，本当に相関があると自信を持っていえる？

B 君：⋯ 確かに，1 点データを除くと結果がひっくり返るようではあやしいですね．准教授の先生はそこのところを指摘したかったんですね．

9.2　Spearman の順位相関係数

A さん：じゃあどうするのがいいのでしょうか？

X 教授：データ点数が少ない場合や，データの母集団が正規分布に従うことが確実ではない場合は，Spearman の順位相関係数を使うんだ．Spearman の順位相関係数では，まず各データの値をデータ内の順位に変換し，順位のデータで Peason の積率相関係数を計算する．R だと簡単に計算できるよ．さっきの cor.test に method="s" を指定するといいんだ．

```
> cor.test(logP,Prod,method="s")
S = 116, p-value = 0.407
    rho  0.2969697
```

A さん：同じデータなのに，相関係数 $r = 0.297$ になりましたね．この値から相関はあるとできそうになさそうですが．これでも，相関がありそうだ，としていいのでしょうか？

X 教授：まずバイオ分野でも相関係数を計算するなら最低 10 点か 15 点くらいはデータ点数が必要だといわれている．今回はぎりぎりセーフってとこだね．そのうえで相関係数は，$|r| > 0.6$ か $|r| > 0.7$ のときに相関ありとする場合が多いかなぁ（実はあんまり根拠はないんだけどね）．Spearman の順位相関係数は外れ値に強く，より保守的に相関を評価しているといえる．だから，Spearman の順位相関係数を使うと論文の査読の時にもケチをつけられにくくなるかもしれないね．

A さん：でも，B 先輩のデータから二つの変数の間に相関があるとは言いにくくなっちゃいますね．

X 教授：ただ，相関がないともいいきれないよね．弱い相関を議論したい場合は，やはりデータの点数を増やすのがいいと思うよ．

9.3　相関関係と因果関係

X 教授：それからもう一つ，准教授の先生の指導が厳しくなったのは，「添加物の logP が抗生物質の生産量に影響している」という考察のほうが原因じゃないかな．B 君は偽相関って聞いたことあるかい？

B 君：統計の講義でちらっと聞きました．えーっと．たしか，朝食をきちんと食べる習慣のある学生ほど，テストの正答率が高いという相関についてでした [2]．

A さん：だから朝食を食べると成績が良くなるというわけですね．つまり朝食を食べると，朝か

らブドウ糖がエネルギー源になって脳が働くんでしょうか？

X 教授：もし，その説が本当なら，朝食を食べる習慣とテストの正答率の間の因果関係が，相関として観察されたことになるね．でも，こうとも考えられないかな．子供に毎日勉強する，朝ご飯を食べる生活習慣をきちんと付けさせている親の子供は，朝ご飯を食べる習慣があるし，テストの正答率も上がる．もし，この説が本当なら，朝食を食べる習慣とテストの正答率に観察された相関は，とくに両者の因果関係を反映したものではないので，偽相関という．

B 君：なるほど，二つのデータに相関があっても，それだけで因果関係がある根拠にはなりませんよね．

X 教授：それから，仮に因果関係があったとしてもどっちが原因で，結果なのかという，因果関係の向きまではわからないよね．B 君はこのデータから「添加物の logP が抗生物質の生産量に影響している」という仮説を立てたんだけど，ひょっとしてたまたま logP を X 軸に，抗生物質生産量を Y 軸にプロットしたからじゃないのかね．

B 君：(小声で) すみません．そのとおりです．

X 教授：准教授の先生は相関があったという結果から，オーバーディスカッションをしてしまったところを戒めたかったんだろうね．

A さん：でも教授，調べたんですが，今回，添加してみた物質が，抗生物質生産を促進するという論文があります．この情報から，「添加物の logP が抗生物質の生産量に影響している」という仮説を立てて，今回の見られた弱い相関は，この仮説を支持するものである．というような議論をすることは，ムリなんでしょうか？

X 教授：そんなことはないよ．ただ観察された相関が弱いから，他の証拠もないと説得力には欠けるね．それに，何故，logP という変数だけに注目したのかという説明も大事だね．

B 君：logP に注目したのは，この値を使うと相関がありそうに見えたからで‥‥．

X 教授：他の変数も検討してみる方がいいと思うね．もしかすると，重回帰分析が必要になるかもしれないね．

B 君：わかりました．相関係数も奥が深いですね．これまで，相関係数の値の大きさだけ気にして，相関係数の計算法や解釈には無頓着だったので，これからほんと気をつけます．

A さん：ところで，Excel でグラフに近似線を入れたとき R^2 という値が出るのですが，これも相関係数ですか．

X 教授：これは "決定係数" とよばれる量だ．よく，相関係数の 2 乗であり正の値だけしか出ないと書かれているけど，実際には定義が複数あって定まっていないし，単に相関係数を 2 乗したものではないんだ．定義によっては負の値をとるときもある．A さんの言う，Excel の近似線は回帰分析の結果なので，決定係数の話も含めて次回は，回帰分析の話をしようか．さっき言った，重回帰分析も，出来れば一緒に勉強しよう．

9.4　統計的感覚

前章で出した例題は，次のようなものであった．

例題

　Z さんが，細菌 J の画期的な簡易検出法を開発した．細菌 J は，毒性が強いため注意が必要な細菌であるが，これまで感度の良い検出法がなかったので，検査場所でサンプリングした DNA を PCR で検査して，細菌 J の有無の判定を行ってきた．

　Z さんの方法では，細菌 J が一つでも存在する場合，98 % の確率で検出が可能である．細菌 J が全く存在しない場合，間違って存在するとしてしまう確率は 5 % である．実際に，細菌 J が検査する場所に存在する確率は経験的に 4 % であるとされている．

　ある場所を，Z さんの方法で検査したところ，細菌 J を検出した．どう考えればいいか．

さて，例の二人はどう答えるだろうか.

X 教授：宿題の答えは出たかい.

B 君：はい. 細菌 J が一つでも存在すると 98 % 検出可能ですから，検出されたからには 90 % くらいの確率で考えるべきだと思います.

A さん：細菌 J が検査する場所に存在して正しく検出する確率は 3.92 % (=0.04*0.98)，存在しないのに，誤って検出する確率は 4.8 %(=0.96*0.05) です. ということは検出した事例のうち，0.0392/(0.0392+0.048) = 0.4495 で 45 % の確率で実際に菌が存在することになります（図 9.3）.

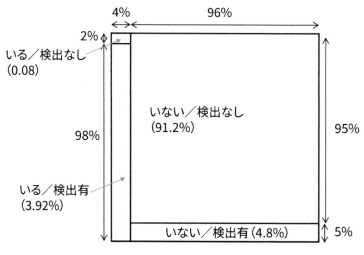

図 9.3　A さんの書いた解答のための図

B 君：そんな低いの！

X 教授：さすが A さんは惑わされないね. 正解だよ. どうしても検出確率が高い方法となると，そちらに注目してしまって，実際はいないのに誤って検出してしまう確率を忘れてしまう. そうすると，感覚として「検出された」，すなわち「高い確率で存在する」と思ってしまう. 全体をよく見て，ある特定の数字に惑わされないということが重要で，これが統計的な感覚とい

うべきものかな．じゃあ，おまけで，この問題をベイズの定理に基づいて説明してみよう．

A さん，B 君：ベイズの定理？　初めて聞きます．

X 教授：これまで勉強してきた統計手法は，すべて母集団の分布（多くの場合，正規分布）を想定してきたね．言い方を変えると，実験中に起きた経験を一切考慮に入れていないと言ってもいいんだ．

A さん：母集団からサンプリングを行う，という考え方ですよね．統計の授業では先生が口を酸っぱくしてその重要性を説明してくれたのですが．

X 教授：一方，ベイズの定理に基づくベイズ統計学では事前に母集団があるという考え方をしない．その代わりに経験を取り入れて考えるんだ．まず，検査をする以前に「細菌 J が検査場所に存在するな」と考えている確率を事前確率 $\Pr(B)$ と呼ぶ．この場合例題にあるように 4 ％になる．$\Pr(A)$ は細菌 J が検査で検出される確率としよう．それから，検査を実施し，J が検出されたときに，細菌 J が実際に検査場所に存在する条件付確率をベイズ統計学では事後確率 $\Pr(B\,|\,A)$ と呼ぶ．$\Pr(A\,|\,B)$ は細菌 J が検査場所に存在するときに検査で検出する条件付き確率（例題文より 0.98）になる．これらの関係を示した次の式がベイズの定理だ．

$$\Pr(B|A) = \frac{\Pr(A|B)\,\Pr(B)}{\Pr(A)}$$

B 君：これだけですか．

X 教授：ここからがすごく面白いから．事前確率 $\Pr(B)$ が 4 ％のとき，A さんの書いた図 9.3 のように，細菌 J が検査で検出される確率 $\Pr(A)$ は 0.98*0.04 + 0.05*0.96 = 0.0872 になる．そこで，検査を実施し J が検出されたとしよう．検査後に細菌 J が検査場所に存在する事後確率はベイズの定理から

$$\Pr(B|A) = \frac{0.98 \times 0.04}{0.0872} = 0.4495$$

と計算できるね．

B 君：A さんの議論と同じ結果ですね．

X 教授：じゃあ，もう一回検査をするとしようか．これまで勉強してきた統計手法だと，「細菌 J が検査場所に存在するな」と考える確率は 4 ％で変化しない．同じ母集団からサンプリングするからだね．一方，ベイズ統計学では「検査の結果，細菌 J が検査場所に存在する確率が 4 ％から 45 ％に上がった．」というふうに考え，事前確率 $\Pr(B)$ を 0.45 に更新する．

A さん・B 君：は？

X 教授：つまり，例題文の検査する場所は一般的な場所のことなんだが，今回，検査した場所に限っては，そこの細菌 J が存在する事前確率 $\Pr(B)$ は 0.45 であると考えるんだ．経験値を生かすということだね．二回目の検査でも細菌 J を検出した場合，事後確率を計算すると $\Pr(B\,|\,A) = 0.94$ になる．つまり，細菌 J が今回の検査場所に存在する可能性は 0.94 まで高まったと考えるんだ．ね，面白いだろ．

A さん，B 君：なんか騙されたみたいです．

～その後～

A さん：B 先輩，元気でました？　相関はむずかしいですよね．

B 君：おかげさまで．そういえばこないだ，ドクターの先輩からオマエいつも A さんと一緒に つるんでるけど，あやしいなぁ．って言われたんだけど，それこそ，偽相関にもとづく因果関 係のオーバーディスカッションだよね．

A さん：B 先輩，私は隣の研究室の先輩から，B は鈍感なうえに変わらないから，大変だねって 言われましたよ．先輩もどんどん中身を更新して変わってくださいね．なので今日のアイスは おあずけです．また明日！　先輩！

9.5　練習問題

問 9.1　決定係数と相関係数の違いを調べてみよう．

問 9.2　ベイズ統計は，どの様なデータを解析するときに役に立つのかを調べてみよう．

参考文献

[1]　川瀬雅也編著：生物学のための統計学入門，化学同人 (2009).

[2]　http://www.maff.go.jp/j/seisan/kakou/mezamasi/about/databox.html

第10章　単回帰は難しい

A さん：私，撃沈しちゃったんでしょうか？　さっきのセミナー？
B 君：うーん．発表は練習通りでちゃんとしてたけどね．とにかく，X 教授の意見を聞いてみようよ．

　さて，A さんが先ほどのセミナーで発表した研究報告について説明しておこう．A さんの研究テーマは，環境汚染物質を効率よく分解する菌のスクリーニングと特性評価である．これまでに，菌を数種類分離し，その分解特性を調べているところだった．ある菌 α の環境汚染物質の分解速度と温度の関係を調べていたところ図 10.1 のようなデータが得られた．

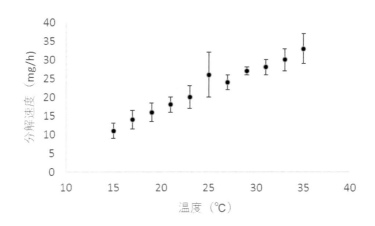

図 10.1　分解速度と温度の関係

　A さんは，このデータをもとに「分解速度が温度に比例している」と指摘した．さらに，各温度でのデータは 5 回ずつとられていること，25 ℃でのデータは（23, 24, 24, 34, 24）であったこと，データの一つが 34 mg/h と非常に大きいことから，25 ℃で分解速度の上昇はこの外れ値に起因するものであると考察した．B 先輩とのディスカッション通り，うまく発表した若干ドヤ顔の A さんに対して，助教の先生は，データを冷静に見て，他の見方や考え方はないのかと指摘したわけである．

　研究を行っていると，必ず一度は，このようなデータに出会うと思うが，皆さんは，どう扱うべきだと思われるだろうか．

10.1　回帰分析の落とし穴

X 教授：A さん，納得いかないような顔をしているが，何かおかしなことでもあったのかね？
A さん：おかしなというか，実は，こういう次第なんです．
B 君：データを見ても，A さんの説明に問題があるとは思えないですよね．それで相談に来たわけです．

X 教授：なるほど, 助教の先生は A さんに研究者としてすごく期待しているみたいだね.
確かに, このデータを見た多くの人が「分解速度が温度に比例している」と感じると思うね.
無意識のうちに回帰分析ができて, 温度と分解速度の間に直線関係（線形の関係という）が成
り立つと考えたからだね. 回帰分析は知っているね.

A さん, B 君：はい.

X 教授：君たちがよく使うのは単回帰分析だね. 図 10.1 のように 2 変数（分解速度と温度）の
間の関係を分析して,

分解速度 = f (温度)

という関係に表す分析だ. このような関係式を回帰式というんだ. これが「分解速度＝係数 ×
温度＋定数」という 1 次関数になると線形単回帰ということになり, 今, 君たちが想定してい
ることだね. 試しに, A さんのデータを単回帰分析にかけてみようか（図 10.2）[1].

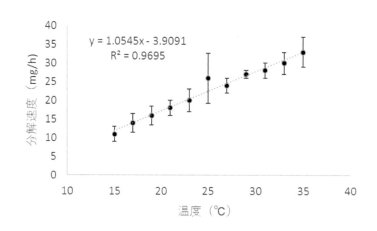

図 10.2　単回帰の結果

A さん：決定係数も大きいし, やっぱり, 25 ℃のデータの一つがおかしかったんじゃないで
すか.

X 教授：では, 試しに, 皆がおかしいというデータを外してみよう. 図 10.3 のようになるね.

A さん：あれ, なんか自信がなくなってきました.

X 教授：では, もう一つこの図を見てもらおうか（図 10.4）. さらに, 外れ値と言われたデータ
を除いてみると（図 10.5）, どうかな.

A さん：ピッタリです. あれれ, どういうことですか.

B 君：そもそもどうして 3 本の曲線なんですか？

X 教授：まあ, 図 10.4, 5 だが, 科学的な根拠はまったくなく, 3 曲線の近似でもフィットさせ
ることができるというだけなんだ. もし, 無理やり説明するなら, この菌には分解経路が三つ
あり, 温度によって使われる経路が違うということになるのかな.

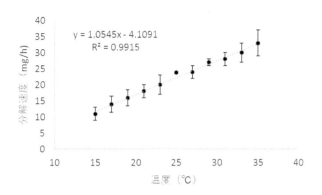

図 10.3　25 ℃のデータの一つを外した結果

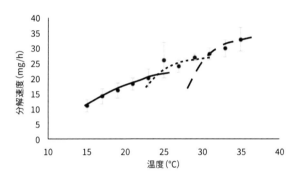

図 10.4　データを別の見方で回帰したケース

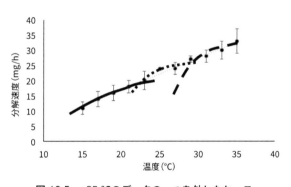

図 10.5　25 ℃のデータの一つを外したケース

A さん：助教の先生は，そのことを指摘したかったんでしょうか？　データの読みが甘いって．

B 君：ちょっと待ったー！　今，まったく科学的根拠はないって言われたばかりだよ．よく考えよう．

X 教授：そうだよ．簡単に，3 曲線の方がフィットするから，三つの経路がなんて言うと，それこそ，助手の先生から総攻撃を受けたかもしれないね．

A さん：？？，でもフィットはしているんですよね．

X 教授：まず，言いたいことは，A さんのデータを見ると，意識していないが，人は直線関係を

思い描いて，他の可能性を排除してしまうんだ．ところが，他の可能性はと考えると，ちょうど，図10.4や図10.5のようによりフィットした可能性を考えることができるんだ．しかし，これは，科学的ではないね．

B君：そう言われると，確かにそうですね．

X教授：もう一つ言うと，反応速度論は知っているね．

Aさん：実は，生物系なので，物理化学は弱いんです．

X教授：詳しいことは，自分で勉強してもらうことにして，反応速度は簡単に言えば $v = k[S]^n$ と表すことができる．Sはこの場合，汚染物質の濃度で，nは反応次数，kは速度定数とよばれるものだ．$k = A\exp(-\Delta E/RT)$ となる．これはアレニウスの式と呼ばれ ΔE は活性化エネルギー，Aは頻度因子だね．Aを理論的に求めようとする研究が今も行われている．ここで注目してほしいのは温度の入っている項だ．指数関数になっているね．

Aさん：はい．

X教授：もし，頻度因子や活性化エネルギーが実験した温度範囲で一定値なら，温度に対して反応速度が直線的に大きくなると思い込むのはおかしくないかね．

B君：本当ですね．まったく，気が付きませんでした．簡単に，データを見て直線関係があると思い込んでいました．

X教授：ただ，生きた生物を使う反応だから，何段階かの反応だろうし，反応の分岐もあるかもしれないし，簡単にアレニウスの式を持ってくることはできないと思うが，このデータから直線関係「だけ」を見つけるのはよくないね．あと，3本の曲線の例のようにフィットするからいいというのもよくない．グラフが示唆しているものは，その背後にある物理学的，生物学的な関係性だから，その点を議論してほしかったんだろうな，助手の先生は‥‥．でも本当のところは，いろいろな角度から調べてみないと分からないけど，助手の先生はAさんならそれができると思ったのだと思うよ．

Aさん：少し，元気が出てきました．もっと，よく調べてみることにします．

X教授：回帰分析を使うときには，科学的に考えてみることが，まず必要だ．よく忘れてしまうことだけど，頭のどこかにないと科学をやっているとは言えないからね．それと，以前も言ったと思うが，簡単に，あるデータを外れ値だから省いてしまえということは，決して科学者が言ってはいけない言葉だ [2]．外れ値であることをきちんと説明できなければ，そのデータは外してはいけないんだ．図10.3を見てほしいんだが，何か気が付かないかね．

B君：そう言われれば，25℃のデータがやっぱり直線にのっていませんね．かなり近くにはあるのですが．エラーバーも直線にかかっていないし．

X教授：そうだね．どう見るかによるが，やはり，少し気になるね．ここで，何かあると見るか，見ないかで，その後の展開が大きく違ってくる．もし，君たちが先生から言われたように，外れ値として扱ってしまったら，ものすごい発見の機会を失い，誰かに先を越されるかもしれない．

Aさん：誰かに先を越されたら，悔やんでも悔やみきれません．

X教授：そうだね．データをグラフ化すると，人間は単純だから，反射的に回帰分析的な考えをとってしまうんだ．でも，それでいいのか，立ち止まって考えることも必要だね．Aさんの場合，たまたま異常値があり，ここで考える機会ができたことは，まさに天の助けだね．でも，

本当に A さんの実験の腕が悪く，単回帰でいい可能性も残っているので，まずは，いろいろと調べてから報告する方がいいよ.

B 君：本当に，反応経路がいくつかあったりしたらすごい発見だよね.

A さん：私も，これからいろんなデータを扱うと思うので，肝に銘じます.

X 教授：君たちの先生が，こういう意味で「データを冷静に見ろ」と言ったのかどうかは分からないが，いい教訓が得られたと思っていいんじゃないかな.回帰分析をしていいのかどうかは，いろいろな可能性を考えて決断すべきだね.

B 君：分かったような気がします.

A さん：一つ疑問があるんですが.図 10.2 にある決定係数ですが，0.9695 と，非常に大きいので，この値だけ見ると，単回帰でいいように思えるんですが，どう考えればいいんですか.

X 教授：では，決定係数について勉強しようか.

10.2　決定係数

X 教授：前回（9 章）[3]，相関係数を勉強した時に，決定係数は単に相関係数の 2 乗と考えてはいけないという話をしたね.

A さん：覚えています.

B 君：でも，よく相関係数の 2 乗と説明されてますよ.

X 教授：そうだね.決定係数の計算法から見ていこうか.これも前回言ったんだが，決定係数にはハッキリと合意された定義が定まっていないんだ [4].一般的によく使われる定義 [5] は

$$R^2 = 1 - \frac{\sum_i \left(y_i - f_i\right)^2}{\sum_i \left(y_i - \overline{y}\right)^2}$$

となる.ここで，y_i は i 番目のデータ（目的変数），f_i は i 番目の回帰式による推定値，$\overline{y}$ は y_i の平均値だ.単に相関係数の 2 乗じゃないだろう.

A さん・B 君：確かにそうですね.

X 教授：決定係数は，回帰式の当てはまりの良さを示す数値なんだ.本当は回帰式が間違っていても，たまたま，決定係数が大きくなるケースもあるということだ.この例（図 10.6）を見てもらえれば，よくわかると思う.どうかね.

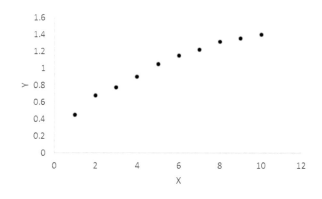

図 10.6　線形回帰できない例

B 君：こんなデータもよく見ます．直線で表すように言われますけど．

X 教授：では，線形回帰してみよう．

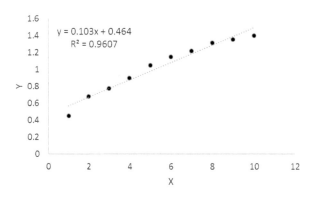

図 10.7　線形回帰できない例（回帰線は線形回帰をした場合）

X 教授：どうだい，決定係数を見ると結構，合っているね．ところが，データの点を見ると，両端は線の下にあるし，真ん中は線の上だ．こんなにある一定の傾向があるのはおかしいと思わないかね．

A さん：そう言えばそうですね．

X 教授：これも気を付けないといけない例なんだ．試しに線形回帰以外の回帰をしてみると図 10.8 のようになる．

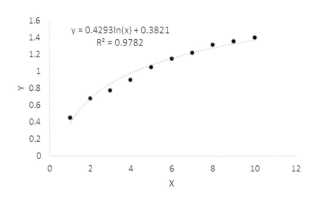

図 10.8　図 10.7 を対数回帰したケース

A さん：決定係数はあまり変わりませんが，こっちの方がよく合っている感じです．

X 教授：この図（図 10.9）も見てもらおうかな．

B 君：これも，よく合っています．

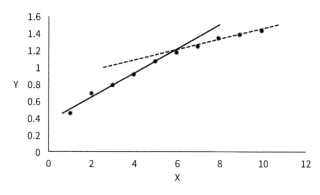

図 10.9　図 10.7 を 2 直線で線形回帰したケース

X 教授：図 10.7 の例は，少しずれを強調して分かりやすくしてあるんだが，単回帰分析＝線形回帰という考えを持たないということが大事だ．さっきも言ったようにもっと大事なことは，どのような回帰をするかということは，データのプロットの傾向ではなく，科学的な根拠に基づいてということが大事なんだ．線形回帰となる理論的な根拠がある場合は，実験に不備がないかを，もう一度，慎重に見直す必要があると思う．また，確率は低いが，これまで見逃されていた "大発見" かも知れないしね．何かよりどころになる理論がないときは，いろいろな可能性を考えて，最初から一つに限定しないことだね．

B 君：よくわかりました．

10.3　信頼区間

A さん：他に気を付けないといけないことはありませんか？

X 教授：では，この図（図 10.10）を見てもらおうか．

これは，分かりやすく極端に強調した模式図だが，線形単回帰分析の信頼区間を表しているんだ．回帰線の中央部は信頼区間の幅が狭く，回帰線の信頼度が高いが，端になるほど信頼区間

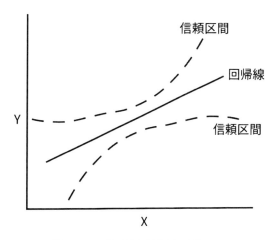

図 10.10　線形単回帰分析の信頼区間

の幅が広くなり信頼度も落ちるんだ．この点も，理解しておく必要があるね．

A さん：そういえば，助手の先生から検量線を作成する時に似たような指摘を受けたことがあります．検量線は端のほうの精度が低いので，なるだけ濃度幅を広くとって実際の測定値が真ん中のほうに来るのがいい，と教わりました．

X 教授：そのとおり，参考書を読むともっと詳しくなるよ [6, 7]．それと，生物系だからといって，物理や化学もおろそかにしないようにね．

A さん：はい．

B 君：回帰分析なんて簡単だと思っていましたが，侮れませんね．

X 教授：重回帰分析についても，そのうち，勉強する必要があると思うよ．

A さん：楽しみにしています．

参考文献

[1] 回帰分析の原理については統計学のテキストを参照していただきたい．単回帰分析に関しては，R よりも Excel の近似線の挿入を使う方が簡単である．

[2] 川瀬雅也，松田史生：生物工学, **95**, 96 (2017).

[3] 川瀬雅也，松田史生：生物工学, **95**, 624 (2017).

[4] Kvalseth, T. O.: *Am. Stat.*, **39**, 279 (1985).

[5] Wikipedia「決定係数」:https://ja.wikipedia.org/wiki/\%E6\%B1\%BA\%E5\%AE\%9A\%E4\%BF\%82\%E6\%95\%B0 (2016/8/26)

[6] Miller, J. N., Miller, J. C. 著，宗森　信，佐藤寿邦 訳：データのとり方とまとめ方—分析化学のための統計学とケモメトリックス，共立出版 (2004).

[7] 佐和隆光：回帰分析，朝倉書店 (1979)

第11章　誤差の伝播

　今回は，これまでの章と，少し趣きを変えて，統計的な感覚が実験を行う上でも重要であることを勉強したいと思う．では，いつもの二人の話から．

Aさん：先輩，1年生の学生実験でTAをしたら，溶液の作り方で難しい質問をされて答えられなかったんです.

B君：それは，次回にばっちり答えて後輩にかっこいいとこ見せないとね.

Aさん：0.1 mMの塩化ナトリウム水溶液を100 mL作る実験だったんです．手順書には10 mMの原液の溶液を100 mL作ってから，100倍に希釈すると書いてあります.

B君：普通の手順だね.

Aさん：ところが，デキル感じの学生が，天秤で5.8 mgの塩化ナトリウムを量り取り1 Lの溶液を作っちゃなぜいけないのか？ と言い出して.

B君：え，5.8 mg量れるの？

Aさん：なぜか微量天秤があるんです．希釈の操作がない分，誤差が小さくなるんじゃないかって．これからX教授に教わりに行くので，つきあってくれますよね？

B君：いま，実験中なんだけど…．データがばらついて困ってるんだよね.

Aさん：先輩！ かわいい後輩にはかっこいいところ見せなきゃいけないんでしょ？

　皆さんも，低濃度の溶液を作るとき，まず，濃度の高い溶液を作ってから希釈されていると思う．このとき誤差について考えたことはあるだろうか.

11.1　誤差のおさらい

X教授：今日は，どうしたのかな？

Aさん：実は──こういう次第なんです.

X教授：なるほど，質問した学生さんは，誤差がどんなものか，1年生だからまだ，分かっていないとは思うが，よく考えているのは確かだね．君たちは，どう思う？

Aさん：このやり方を教わって，ずっと実行してきたので，何の疑いも持っていませんでした.

X教授：まず，誤差について復習をしてみようか．誤差とは，たとえば，ある測定を行ったとき，真の値と測定値との差であることは分かっているね.

Aさん：はい.

X教授：では，操作を繰り返したときの誤差はどうなるかな.

Aさん，B君：分かりません.

X教授：これが，今日の本題と関係する「誤差の伝播」[1]という問題なんだ.

11.2　誤差の伝播

X教授：まず，少し準備が必要になるんだ．君たち，偏微分は知っているかな.

Aさん：微分ですか？

B君：まさか，偏微分って，熱力学で出てくる奴じゃ．あれ，見るだけで….

X 教授：何を言っているんだ．そんなに難しいことではない．単に，長い説明文の代わりに，簡単な数式で説明しているだけじゃないか．

A さん：数学は苦手なんで．

X 教授：そんなことを言うと数学の先生が怒ると思うな．数学と数式は違うからね．大事なことは，数式は自然科学の共通言語で，避けてはいけないということと，数式を理解するための最小限の数学は勉強してほしいということだね．

A さん：生命科学でも，当然，必要ですよね．数学と無縁になりたかったけど．

X 教授：まあ，気楽に．では，偏微分を説明しよう．B 君が言ったように，熱力学で必ず習うと思うが，復習の意味も込めて，まず，次の，2 変数関数を考えよう．

$$f(x, y) = ax + by$$

この関数の偏微分を行ってみよう．x については

$$\frac{\partial f}{\partial x} = a$$

同様に，y については

$$\frac{\partial f}{\partial y} = b$$

となるんだ．つまり，微分する変数を含まない項は定数とみなせばいいわけだ．では，

$$f(x, y) = ax^2 + by^2 + cxy$$

ではどうなるかな．

A さん：

$$\frac{\partial f}{\partial x} = 2ax + cy$$
$$\frac{\partial f}{\partial y} = 2by + cx$$

です．

X 教授：その通り．簡単だろう．

A さん・B 君：はい…．どうしてかな？　学部の時は熱力学とごっちゃで難しかったんですが．

X 教授：先に進むよ．測定値が n 個あり，その値が $(x_1, x_2, \cdots, x_n)$ だったとする．これらの測定値から計算される結果を y として，計算式を $y = f(x_1, x_2, \cdots, x_n)$ とする．そして，i 番目の測定値の分散を σ_{xi}^2 とすると，計算結果 y の分散 σ_y^2 は

$$\sigma_y^2 = \sum_i \left(\frac{\partial f}{\partial x_i} \right)^2 \sigma_{xi}^2$$

となるんだ．分散が標準偏差 σ_y の 2 乗だというのは大丈夫だよね．この式が成り立つのは，毎回の測定が独立であることが条件だということも忘れてはいけない．

A さん：この式を示すために偏微分を説明したんですか．

X 教授：そうだよ．数式で書くと短いが，文章にすると「計算結果の分散 (σ_y^2) は，各測定値の分散 (σ_{xi}^2) に，各変数の測定値の計算式の偏導関数の二乗 ($(\partial f/(\partial x_i))^2$) を定数として掛けたものの総和 ($\sum_i$) となる」となるんだ．

B 君：何か，哲学的な文章ですね．

A さん：先輩，格好つけてもだまされませんよ．

X 教授：それで本題の A さんを悩ましている希釈の問題だね．この問題を考えるときに必要な数値があるんだ．

塩化ナトリウムの分子量：58.5
微量天秤の標準偏差 σ_w：0.5 mg
1 mL ホールピペットの標準偏差：0.02 mL
100 mL メスフラスコの標準偏差：0.1 mL
1 L メスシリンダーの標準偏差 σ_v：1 mL

と仮にしよう．まず，質問した学生さんの言うように 1 段階で溶液を作ると，量り取る量 w (=5.8 mg) に 0.5 mg の誤差が入るし，溶解の際にも溶液全量 v (=1 L) に 0.001 L の誤差が入ると考えていい．溶解操作の関数は w (=5.8 mg) の塩化ナトリウムを v (=1 L) に溶かす場合

$$f = \frac{w}{v}$$

と書くことができる．溶解操作全体の分散 $\sigma_{\text{一段階}}^2$ はさっきの式から，

$$\sigma_{\text{一段階}}^2 = \left(\frac{\partial f}{\partial w}\right)^2 \sigma_w^2 + \left(\frac{\partial f}{\partial v}\right)^2 \sigma_v^2$$

となり，溶解操作の関数の偏微分はそれぞれ

$$\frac{\partial f}{\partial w} = \frac{1}{v}, \frac{\partial f}{\partial v} = -\frac{w}{v^2}$$

だから，溶解操作全体の分散を計算すると

$$\sigma_{\text{一段階}}^2 = \frac{1}{v^2}\sigma_w^2 + \frac{w^2}{v^4}\sigma_v^2 = \frac{1}{1.000^2} \times 0.5^2 + \frac{5.8^2}{1.000^4} \times 0.001^2 =$$

$$0.25 + 0.0000336 = 0.5^2$$

という計算から（2 項目の値はものすごく小さい），

$$\sigma_{\text{一段階}} = 0.5\,(mg/L) = 0.5/58.5 = 8.55\,(\mu M)$$

標準偏差のことを誤差というので，学生の言う一段階法では，8.55 μM の誤差が入ってくるわけだ．

B 君：100 μM を作るのだから誤差は 8.55 ％ ですね．

X 教授：この計算から，誤差の原因となっている操作を特定できる．分散の計算式の 1 項目は，微量天秤で 5.8 mg を測りとる操作の分散，2 項目は 1 L の水を測りとる操作の分散だ．計算

結果を見ると，2 項目の寄与はほぼ無視できる．

A さん：ってことは，全体で 8.55 % の誤差のほとんどが，微量天秤で秤量する操作のせい．ということですね．

X 教授：そういうことだね．次に希釈を行う二段階法を調べてみよう．最初に量り取る量は w=58.5 mg，溶液量は v=0.1 L で，ここから u=0.001 L を測りとるので，ここまでの操作の関数は

$$f = \frac{w}{v} u$$

となる．これを，さらに，v=0.1 L の水で希釈するから，$f = \frac{w}{v^2} u$ となる．0.1 L の水で希釈する同じ操作を 2 回していると考えるわけだね．この時の全体の分散 $\sigma^2_{\text{二段階}}$ は

$$\sigma^2_{\text{二段階}} = \left(\frac{\partial f}{\partial w}\right)^2 \sigma_w^2 + \left(\frac{\partial f}{\partial v}\right)^2 \sigma_v^2 + \left(\frac{\partial f}{\partial u}\right)^2 \sigma_u^2$$

また，

$$\frac{\partial f}{\partial w} = \frac{u}{v^2}, \frac{\partial f}{\partial v} = -\frac{2wu}{v^3}, \frac{\partial f}{\partial u} = \frac{w}{v^2}$$

だから，溶解操作全体の誤差は

$$\sigma^2_{\text{二段階}} = \frac{u^2}{v^4}\sigma_w^2 + \frac{4w^2u^2}{v^6}\sigma_v^2 + \frac{w^2}{v^4}\sigma_u^2 =$$
$$\frac{0.001^2}{0.1^4} \times 0.5^2 + 4\frac{58.5^2 0.001^2}{0.1^6} \times \left(1 \times 10^{-4}\right)^2 + \frac{58.5^2}{0.1^4} \times \left(2 \times 10^{-5}\right)^2 = 0.0025 + 0.000137$$
$$+ 0.013759 = 0.13^2 = 0.13\,(\text{mg/L})$$

つまり，誤差 2.18 μM で 2 % 強になる．どうかな[6]．

A さん：誤差が 1/4 くらいになっていますね．希釈した 2 段階のほうが操作が多いのに，誤差が小さくなるわけですか．

X 教授：どうしてだと思う？

B 君：計算式を見ると，さっきの 1 段階法で誤差のもとになっていた，1 項目（微量天秤で 58.5mg を測りとる操作）の値が非常に小さくなっていて，むしろ，3 項目のホールピペットで 1 mL 測りとる操作の寄与が一番大きいですね．それでも，2 項目（0.1 L の水を測りとる操作）とあわせても，全体の分散は 2 段階法のほうが，1 段階法よりも小さいので，

A さん：2 段階法のほうが誤差が小さくなる，ってわけですね．あのカシコそうな 1 回生，次回，ギャフンと言わしてやろう．

X 教授：A さん，最近，とても積極的だね？誰のせいだろうね．それはともかく 1 段階法は，微量天秤で 5.8 mg を測りとる操作の分散が大きくて，全体の分散も大きくなってしまう．誤差が伝播してしまっているわけだね．

B 君：でも 2 段階法と同じ微量天秤を使っていますよね？

X 教授：2 段階法では 10 倍の 58.5 mg 測りとっているだろ．このせいで「微量天秤で 58.5 mg

6　この部分の計算は参考文献 [1] p68-70 の例題を改変して作った．

を測りとる操作の分散」は「微量天秤で 5.8 mg を測りとる操作の分散」の 1/10 になったんだね．これが誤差の改善に効いているみたいだね．

B 君：なるほど，一段階法の微量を測りとる操作が誤差のもとだったわけですね．でも 2 段階法でも全体の誤差は 1/10 になっていませんよね．

A さん：それは，ほかの操作が誤差の要因になっているからですよ．2 段階法の場合 3 項目のホールピペットで 1 mL 測りとる操作が一番大きな誤差のもとになっていますよね．

X 教授：その通りだね．じゃあ，2 段階法で，たとえば 1 mL ホールピペットがなかったので，10 mL メスピペットで代用したとしよう．その標準偏差が，5 倍の 0.1 mL だったとすると，全体の誤差はどうなるかな．

A さん：（しばらく計算して）誤差は 0.58(mg/L) で 9 ％くらいになってしまいました．これだと 1 段階法と変わらないですね．

B 君：そっかー，もともと寄与が大きい操作の誤差を大きくしてしまうと，実験全体に伝播してしまうんだね．これは気を付けないと．

X 教授：教訓は二つあるね，まず，データのばらつきが問題になるときは，実験操作全体でどこが誤差に大きく寄与しているのかを突き止める必要があるね．一番怪しいのは，微量を測りとる操作だね．

A さん：たしかに，微量天秤で 5.8 mg を測りとるよりも，多めに測りとってそれから希釈したほうが誤差が小さくなりそうですよね．

X 教授：それから，測りとる器具を適正に選ぶ必要があるということだね．

B 君：10 μL を測りとるときにも，ついつい面倒になって 1 mL 用とか 200 μL 用のピペットマンを使っちゃうことがあるけど，20 μL 用を使うのがベストなわけか … 反省です．

X 教授：誤差の原因がわかったら，その操作の精度を上げる努力をすると，必ず全体の精度が向上する．たとえば 2 段階法で，1 mL ホールピペットの操作を訓練して，標準偏差を 0.01 mL と半分にできたとしよう．

A さん：（しばらく計算して）誤差は 0.07 (mg/L) で 1 ％弱と半分くらいになっていますね．ホールピペットと微量天秤の操作の寄与が同じくらいになっています．

B 君：実験がうまくなるコツですね．

A さん：ところで，誤差の計算で公式的なものはないんですか．

X 教授：一般的な公式ではないが，それぞれの分散が σ_A^2, σ_B^2 である A と B の四則演算については，次の公式がある．
和と差の分散は同じで $\sigma_A^2 + \sigma_B^2$ となるんだ．積の分散は $A^2B^2\left(\left(\sigma_A^2\right)/A^2 + \left(\sigma_B^2\right)/B^2\right)$，商 A/B の分散は $A^2/B^2\left(\left(\sigma_A^2\right)/A^2 + \left(\sigma_B^2\right)/B^2\right)$ となるんだ．

A さん：これを使うと測定結果から導き出した結果に，どの程度の誤差があるか見積もることができますね．X 教授ありがとうございました．じゃ先輩研究室に帰って復習しましょ．

B 君：だから，実験があるんだってば．でも今日教わったことをうまく使って誤差の少ない実験ができるよう頑張ります．

X 教授：それよりも，女の子の気持ちを推し量る誤差が大きすぎるみたいだね．ま，頑張りたまえ．

B 君：？？

A さん：ありがとうございました．

11.3　少し進んだ話題

X 教授：今回の話題は，実験誤差の取り扱いということで，いきなり偏微分から入って面食らった読者もいるかと思うが，偏微分の計算法は意外と簡単だと思ってもらえたのではないかな．いい機会なので，偏微分の応用についても紹介しておこうと思う．最適化を行う際に用いられるラグランジュの未定乗数法と呼ばれる手法で，統計学（たとえば，主成分分析）でもよく使われる．変数の数は幾つでもいいが，簡単な 2 変数の場合を解説しておく．詳しくは解析学のテキストを参照してほしい．この方法は，$g(x, y) = 0$ という条件の下で $f(x, y)$ を最大化（あるいは最小化）する方法で，まず，次のような関数

$$L(x, y, \lambda) = f(x, y) - \lambda g(x, y)$$

を考える．そして，

$$\frac{\partial L}{\partial x} = \frac{\partial L}{\partial y} = \frac{\partial L}{\partial \lambda} = 0$$

を解けば，$f(x, y)$ を最大化（あるいは最小化）する (x, y) の組を得ることができるわけだ．

例）$g\,(x, y) = x^2 + y^2 - 5 = 0$
$\quad\quad f\,(x, y) = 2x + y$

とする．$f(x, y)$ を最大にする (x, y) の組を求めよう．

$$L\,(x, y, \lambda) = f\,(x, y) - \lambda g\,(x, y) = 2x + y - \lambda \left(x^2 + y^2 - 5\right)$$

$$\frac{\partial L}{\partial x} = 2 - 2\lambda x = 0$$

$$\frac{\partial L}{\partial y} = 1 - 2\lambda y = 0$$

$$\frac{\partial L}{\partial \lambda} = x^2 + y^2 - 5 = 0$$

これを解くと，$(x, y) = (\pm 2, \pm 1)$ のとき，$f(x, y) = 2x + y$ の極値を与え，$(x, y) = (2, 1)$ のとき $f = 5$ で最大となる．また，$(x, y) = (-2, -1)$ のとき $f = -5$ で最小となる．各自で確認していただけるだろうか．

A さん・B 君：わかりました．

11.4　練習問題

問 11.1　誤差の伝播が問題となるケースとして，本章では，稀薄溶液の作製の例を示した．この他にもいろいろな面で，誤差の伝播を考慮する必要がある．どの様な場合があるかを考えてみよう．

問 11.2　誤差の分布は「正規分布」となることが知られている．これは，ある条件が満たされた場合に成り立つ．このある条件とは何かを調べてみよう．

参考文献

[1]　化学同人編集部：実験データを正しく扱うために，化学同人（2007）

第12章　直交表と重回帰分析

12.1　直交表

A さん：あの〜，一ついいですか．

X 教授：何かな．

A さん：統計処理に使うデータのとり方について困っているんです．私が見つけた環境汚染物質の分解菌を使って，分解効率の上がる培養条件を探し，重要な培養パラメータを見つけたいんです．

X 教授：確かに，統計処理で目的は果たせそうだね．

A さん：それで C 先生に相談したら，温度，pH，炭素源濃度，窒素源濃度を今の条件（M）からふった実験で調べろって言うんです．それも生物工学会の要旨締め切りまでに．少し高め（H）と少し低め（L）っていう大雑把な感じにしても，全部で $3^4 = 81$ 通りの組合せがあって，とても，間に合いそうにないんです．

B 君：それはこないだ言ったみたいに，まず，温度だけふって決めて，温度はこれが最適として，他の条件も順に同じようにして決めていけばいいんじゃない．

A さん：C 先生は，それだと本当の最適条件を出しているかどうかわからないから，組合せで考えようって言うんです．個別に最適化すると（温度，pH，炭素源濃度，窒素源濃度）＝（M，L，L，H）となったとしても，組合せを工夫して実験すると，本当の最適条件は（L，L，L，H）になるかも知れないということなんです．

X 教授：なるほど，確かに T 先生はいいところをついている．1 回の実験にどの程度の時間が掛かるか，まったく考慮していないのも彼らしいね．

A さん：笑い事じゃないですよ．生物工学会で発表は絶対したいですけど，でも，これだと要旨提出までお休みにデートもできないです．

X 教授：…．「直交表」っていうのがあるんだけど，まずはそのお相手に教えてもらったら？

A さん：もう相談したんですけど頼りにならないんです．

X 教授：ふーん．えっと，今の工業製品は非常に複雑化しているが，開発期間は短くなっていると思わないかね．スマホがいい例だと思うが．

A さん：確かにそうですね．でも急いで開発した結果，かえって危険性が増した例もありますね．

X 教授：その通りだ．複雑化するほど，検討すべきパラメータは増えてくる．ところが，C 先生から言われたように，多くのパラメータをすべての組合せで検討する（多次元配置実験という）のは時間的にも，コスト的にも現実的ではなくなってきているんだ．

A さん：確かに．

X 教授：そこで，各パラメータが独立していると考えていい場合（相互の関連性があっても，非常に小さい）は，この関連性（統計的には交互作用という）の評価を外して最小限の組合せの評価を行えばいいことになる．この組合せを見つけるときに使うのが直交表なんだ．

A さん：すごい方法があるんですね．直交表の載っている参考書はありますか．

X 教授：実験計画法の教科書には載っているには載っているが，自分の条件を当てはめて使うに

は，慣れないと結構難しいよ.

A さん：へぇ〜.

X 教授：そう，がっかりしなくてもいいよ. 自分の条件に合わせた直交表を作ればいいから.

A さん：どうやって作るんですか. 教えてください. 時間がないんです.

X 教授：分かったから，落ち着いて. これまで使ってきた R で作ることができるんだ.

A さん：よかった.

X 教授：R で直交表を作る方法は二つある. DoE.base というパッケージで直交表を作ることができる. まず，パッケージのインストールだね.

```
> install.packages("DoE.base")
```

ダウンロード先を聞かれると思うから，自分のいる場所の近くのミラーサイトを選べばいい. 日本国内なら Tokyo だろうね. 次に，パッケージの読み込みだ.

```
> library(DoE.base)
```

幾つかエラーが出てくるが気にしないで進めるといい. データを入力しよう.

```
> Temp=c("L","M","H")
> pH=c("L","M","H")
> Csource=c("L","M","H")
> Nsource=c("L","M","H")
```

では，直交表を作ろうか.

```
>oaTable<-oa.design(factor.names=list(T=Temp,pH=pH,C=Csource,N=Nsource),seed=1)
```

X 教授：どんな直交表ができたか確認してみよう. 全部で 9 通りの組合せみたいだね（表 12.1）.

A さん：9 通りなら，要旨の締め切りまでに実験ができます.

B 君：でも，本当にこれだけでいいんですか.

X 教授：いいところに気が付いたね. さっきの言ったように，あくまでも直交表の組合せは，各パラメータが独立か，交互作用があっても小さいと考えていい場合の最小限の組合せだ. この結果を見てもわかるように，最小限の組合せの評価だから，当然，これだけで正解が出るわけではないんだ.

A さん：ちょっと，がっかりです.

X 教授：よく考えてほしいんだが，81 通りの実験をすべて行うのではなく，まず，9 通りの実験を行い，最適条件の可能性のある条件を見つけ，その周辺を詳しく調べるという計画で進めることができると思うんだ. それに，回帰分析の勉強を折角したんだから，9 通りの実験結果から回帰式を見つけて最大値になるパラメータの組合せをシミュレーションすることもできると

表 12.1　　3 水準の直交表

	T	pH	C	N
1	L	H	M	H
2	H	H	H	L
3	M	M	M	L
4	M	H	L	M
5	L	M	H	M
6	M	L	H	H
7	H	M	L	H
8	H	L	M	M
9	L	L	L	L

思うよ．ただし，この方法は結構難しいけどね．

B 君：確かにそうですね．どんな回帰式に当てはめるのがいいか考えないといけませんね．

X 教授：そうだね．まあ，最初に試すのは重回帰分析だろうね．ちょうど，前（第 9 章）に，B 君が「添加物の抗生物質生産における効果」を調べていたが，添加物の logP 以外のパラメータも検討した結果を持っているかね．

B 君：ちょうど，そのことも聞きたくて持ってきました．

12.2　重回帰分析

X 教授：それは結構．まず，重回帰分析の簡単な説明をしておこうか．これまでに，重回帰分析を行った例を見たことはあるかな．

A さん：はい，線形重回帰分析を使っているものです．

X 教授：では線形重回帰分析に絞って，その基礎から話そうか．線形重回帰分析は，一般式として

$$y = b + \sum_i a_i x_i$$

と表させるような関係があると考えていい場合に使われ，定数 b と各変数の係数 a_i を求める分析ということは分かっているね．当てはまりの良さは，決定係数で表されることもいいね．

A さん：もちろんです．

X 教授：y を目的変数（目的変量），x_i を説明変数（説明変量）といい，各変数の係数 a_i を偏回帰係数というんだ．では，B 君のデータを見せてもらおうか．

B 君：これです（表 12.2）．

X 教授：このデータで重回帰分析を行ってみよう．まずは，"data" というデータフレームにこのファイルを読み込んでみようか．

```
> data <- read.csv("mlr.csv",header=T,row.names=1)
```

header=T は 1 行目が変数の説明であること，row.names=1 は 1 列目が ID 番号であることを示している．

表 12.2　重回帰分析用のデモデータ

ID	logP	index1	index2	index3	index4	Product $[\mu\mathrm{g}/(\mathrm{day}\cdot\mathrm{mg\text{-}cell})]$
1	0.8	4.34	0.11	1.59	0.77	3.55
2	0.6	7.14	0.38	2.22	0.7	5.02
3	0.95	5.05	0.15	1.55	0.62	4.13
4	1.02	5.56	0.24	2.04	0.54	4.55
5	2.14	6.2	0.77	3.14	0.78	5.97
6	1.35	4.07	0.11	1.49	0.44	3.33
7	2.55	4.4	0.14	0.9	0.6	4.01
8	3.13	8.91	10.9	4.15	1.33	9.25
9	1.91	2.92	0.03	1.07	0.38	2.39
10	0.88	3.22	0.07	1.7	0.5	1.57

```
> data
      logP  index1  index2  index3  index4     y
1     0.80    4.34    0.11    1.59    0.77    3.55
2     0.60    7.14    0.38    2.22    0.70    5.02
3     0.95    5.05    0.15    1.55    0.62    4.13
4     1.02    5.56    0.24    2.04    0.54    4.55
5     2.14    6.20    0.77    3.14    0.78    5.97
6     1.35    4.07    0.11    1.49    0.44    3.33
7     2.55    4.40    0.14    0.90    0.60    4.01
8     3.13    8.91   10.90    4.15    1.33    9.25
9     1.91    2.92    0.03    1.07    0.38    2.39
10    0.88    3.22    0.07    1.70    0.50    1.57
```

ちゃんと，読み込まれていることも確認ができたね.

```
> re1 <- lm(y~logP+index1+index2+index3+index4,data=data)
```

lm の括弧の最初の項は，回帰式の形を示しているんだ. ただし，定数は省略している. $y \sim .$ としてもいい. 2 項目は使用するデータ名になる. 結果が rel に入っているので，その要約を見ると

```
> summary(re1)
Coefficients:
            Estimate  Std. Error  t value  Pr(>|t|)
(Intercept) -1.90954    0.93690    -2.038    0.1112
logP         0.67374    0.26017     2.590    0.0607 .
index1       0.82039    0.19833     4.137    0.0144 *
index2      -0.03442    0.12277    -0.280    0.7931
index3       0.12121    0.37343     0.325    0.7618
index4       1.21179    1.68636     0.719    0.5121
-
Signif. codes:  0 '***' 0.001 '**' 0.01 '*' 0.05 '.' 0.1 ' ' 1
Multiple R-squared:  0.9775    見かけの決定係数
Adjusted R-squared:  0.9494  調整済みの決定係数
```

という結果が得られた．Estimate というのが係数なので

生産量 =0.674 logP + 0.820 index1 -0.03442 index2 + 0.1212 index3 + 1.212 index4-1.910

という回帰式が得られたことになる．重回帰分析では，説明変数の数が多くなると決定係数が大きくなる分析法なので，その効果を補正した調整済み決定係数も出力されるんだ．この点は，後で，説明しよう．

B 君：係数の大きさから重要な変数を見つけることができるんですよね．この場合 logP と index1，index4 ですね．

X 教授：単に偏回帰係数の大小から重要変数を導くのは間違いのもとだ．各変数で単位もばらつきも違うからね．こういう場合は偏回帰係数を標準化して比べないといけないんだ．標準化の方法は [1]，各データの平均と分散がそれぞれ 0 と 1 になるようにするんだ．y の標準偏差を s_y，x_i の標準偏差を s_i とすると，標準偏回帰係数 $a_i' = \frac{s_i}{s_y} a_i$ となる．一番手っ取り早いのはデータそのものを scale 関数で標準化してしまうといい．

```
> data_scale <-data.frame(scale(data))
```

として，標準化済みのデータを data_scale として，重回帰分析を行う．

```
> re1_scale <- lm(y~logP+index1+index2+index3+index4,data=data_scale)
> summary(re1_scale)
  Coefficients:
            Estimate
(Intercept) -7.655e-18
logP         2.712e-01 .
index1       7.111e-01 *
index2      -5.488e-02
index3       5.637e-02
index4       1.533e-01
-
Signif. codes: 0 '***' 0.001 '**' 0.01 '*' 0.05 '.' 0.1 ' ' 1
Multiple R-squared: 0.9775, Adjusted R-squared: 0.9494
```

となる．

A さん：index1 が一番大事な変数みたいですね．B 先輩はやっぱり大事なものを見落とすの得意ですよね．

X 教授：logP も，重要であることは間違いないようだね．それから，重回帰分析の結果の四つ目 Pr(>|t|)（文中には示していないので，各自，R で計算して確かめてほしい）が，「係数が 0 である」という帰無仮説に対する P 値なんだ．index1 には*がついているけど，これは優位水準 α を 0.05 にしたとき帰無仮説が棄却できる．つまり，「係数が 0 ではない」という対立仮説を採用できます．という意味だね．

A さん：となると，index1 は説明変数として重要である．と言えるわけですね．

X 教授：さらに，重回帰分析を行うときに注意しないといけない事項があるから説明しておこう．

A さん：さっき教えてもらった，説明変数の数でしたっけ？　説明変数の数が多くなればなるほど，見かけ上当てはまりのいいモデルになるオーバーフィッティングが起きるんですよね．

B 君：説明変数の数＜データの数でしたっけ？　どういう風に考えたらいいんでしょうか？

X 教授：ハッキリとした基準はないが，まずは，説明変数は少なければ少ないほどいい．そこで，説明変数間の相関を見て，相関が高いペアがあったらどちらかを除いてみよう．というもの重回帰分析では多重共線性に注意する必要がある．これは，説明変数の中に非常に相関関係の高い変数の組合せがある場合に起こる．たとえば，

```
> cor(data)
```

とすると，

	logP	index1	index2	index3	index4	y
logP	1.0000000	0.3593709	0.6657672	0.4326866	0.5271623	0.5953978
index1	0.3593709	1.0000000	0.7447619	0.8658278	0.8560214	0.9477215
index2	0.6657672	0.7447619	1.0000000	0.8061840	0.8878479	0.8368192
index3	0.4326866	0.8658278	0.8061840	1.0000000	0.8562547	0.8764209
index4	0.5271623	0.8560214	0.8878479	0.8562547	1.0000000	0.9045192
y	0.5953978	0.9477215	0.8368192	0.8764209	0.9045192	1.0000000

変数 index3 と index4 は他の変数 index1 と index2 との相関係数の相関係数が 0.85 以上と非常に大きいので，共線性という問題を起こす可能性が大きい．この様な場合は，index3 と index4 を削除することで解決できるんだ．

```
> re2_scale <- lm(y~logP+index1+index2,data=data_scale)
> summary(re2_scale)
Coefficients:
            Estimate    Std.  Error   t value    Pr(>|t|)
(Intercept) -7.880e-18  6.301e-02    0.000      1.000000
logP         2.674e-01  9.255e-02    2.889      0.027714 *
index1       8.106e-01  1.035e-01    7.833      0.000229 ***
index2       5.507e-02  1.294e-01    0.425      0.685327
-
Signif. codes:  0 '***' 0.001 '**' 0.01 '*' 0.05 '.' 0.1 ' ' 1
Multiple R-squared:  0.9735, Adjusted R-squared:  0.9603
```

と調整済みの R^2 はむしろ増加する．さらに，強い根拠はないけど係数の小さな index2 も削除すると

```
> re3_scale <- lm(y~logP+index1,data=data_scale)
> summary(re3_scale)
Coefficients:
              Estimate    Std. Error    t value    Pr(>|t|)
(Intercept)  -1.304e-17   5.921e-02     0.000      1.00000
logP          2.926e-01   6.688e-02     4.375      0.00325 **
index1        8.426e-01   6.688e-02     12.599     4.58e-06 ***
-
Signif. codes:  0 '***' 0.001 '**' 0.01 '*' 0.05 '.' 0.1 ' ' 1
Multiple R-squared: 0.9727, Adjusted R-squared: 0.9649
```

とまたまた調整済みの R^2 は増加する．つまり，logP と index1 だけで回帰式をたてればよく
なる．ここで注意してほしいのは，今，議論しているのは標準化された変数を使っている点
だ．回帰式をたてるときは，変数を標準化しているかどうかを忘れてはいけない．標準化して
いない変数を使うと，

```
> re2 <- lm(y~logP+index1,data=data)
> summary(re2)
Coefficients:
              Estimate    Std. Error    t value    Pr(>|t|)
(Intercept)  -1.77367     0.40899      -4.337      0.00341 **
logP          0.72697     0.16616       4.375      0.00325 **
index1        0.97206     0.07715       12.599     4.58e-06 ***
-
Signif. codes:  0 '***' 0.001 '**' 0.01 '*' 0.05 '.' 0.1 ' ' 1
Multiple R-squared: 0.9727, Adjusted R-squared: 0.9649
```

となって，回帰式は

生産量 = 0.727 logP+0.973 index1−1.774

となる．

A さん：変数を選ぶ客観的な基準がほしいですね．

X 教授：そこで，一般には赤池情報量基準（AIC）を最低にするようなモデルがいいとされて
いる．

B 君：AIC って，初めて聞きました．

A さん：私も．どういう量なんですか．

X 教授：AIC はモデルの複雑さと，データとモデル（ここでは回帰式）の適合度のバランスを取
る量だと言われているんだ．たとえば，今回のように，説明変数が多くなれば，決定係数は大
きくなり，適合度がよくなってくるが，偶然に生じた誤差までもうまく取り込んでしまって，
本当に現象を説明できているのかが怪しくなっているんだ．そこで，モデルの本当の適合度を
評価するため AIC が利用されるんだね．AIC は次の式で計算できる．

$$AIC = n \left[\ln \left(2\pi \frac{Q^2}{n} \right) + 1 \right] + 2 \left(p + 2 \right)$$

n はデータ数，p は説明変数の数，Q^2 は残差平方和だ．他の定義式もあるが，これがよく使われていると思う．

Aさん：単純に決定係数だけを頼りにすると，大変な間違いを起こすんですね．

X教授：Rでは，適切な変数を選ぶ方法があるので，その方法を教えようか．今回の例では，どの説明変数を使うのがいいのかを調べようとすると全部で 31 通りの組合せを調べないといけない（各自で確認していただきたい）．そこで，

```
> re1_aic <- lm(y~logP+index1+index2+index3+index4,data=data)
> re_step <- step(re1_aic)
```

とすると，AIC が最小になるように，適切な説明変数を選択してくれるんだ．実際にやってみるとわかるけど，スタートの y~logP+index1+index2+index3+index4 の AIC=-11.96 から，順番に AIC が低下するように変数を減らし，y ~ logP + index1 のときが AIC=-16.03 で最低になるという結果が出ている．この時の回帰式は

```
> summary(re_step)
Coefficients:
             Estimate    Std. Error    t value     Pr(>|t|)
(Intercept)  -1.77367     0.40899       -4.337       0.00341 **
logP          0.72697     0.16616        4.375       0.00325 **
index1        0.97206     0.07715       12.599      4.58e-06 ***
-
Signif. codes:  0 '***' 0.001 '**' 0.01 '*' 0.05 '.' 0.1 ' ' 1
Multiple R-squared:  0.9727, Adjusted R-squared:  0.9649
```

となり，re2 の結果と同じになる．

Aさん：AIC からこの変数の組合せがベストである，といえる．さらに，logP と index1 の標準偏回帰係数（re3_scale の結果）は両方とも統計的に有意であり，標準偏回帰係数の大きさから，logP より index1 の寄与が少し大きいことが分かりますね．よくわかりました．直交表も分かったし，私の方は，要旨の締め切りに間に合いそうです．先輩もね．

B君：よかったね．僕は，まだ，いろいろあるから，ぜんぜん間に合いそうにないよ．

Aさん：なにを言ってるんですか．先輩も学会にむけて頑張るって言ってたじゃないですか．

X教授：そうだ，忘れないうちに言っておくけど，来月から 1 年間，海外に調査に出るんだ．この続きは，戻ってからにしよう．

Aさん：いらっしゃらない間に，どうしても聞きたいことができたらどうすればいいんですか．

X教授：十分基礎はできているから，人に頼らず，自分で考えてごらん．オーバーフィッティングしすぎたときとか，どうしても困ったときのためにメールの連絡先は教えておくから．

12.3　練習問題

問 12.1　回帰分析では，様々なモデルが使われる．本書では，線形モデルを解説したが，この他に，指数モデルやロジスティックモデル，PLS モデルなどがある．回帰分析に使われるモデルを調べ，どの様な時に使われているかも調べてみよう．

参考文献

[1]　向井文雄：生物統計学，p. 150，化学同人 (2011).

第**2**部

Pythonでも統計解析を
行えるようになろう

第 13 章　Python？

A さん：B 先輩．さっきのセミナーのデータ解析が鮮やかだったので，どうやって解析したのか聞いたら，パイセンっていうのを使ったって聞いたんですけど，わかります？

B 君：それってプログラミング言語の Python（パイソン）だろ？　研究で大きめの遺伝子発現データを解析したくて，知り合いに相談したら流行りの Python を使ってプログラムを書くのが速いって教えてもらったんだよね．で，一念発起して自分の PC にインストールしようとしたんだけど，うまくいかないんだわ．

A さん：X 教授に教えてもらった R は，インストール簡単でしたもんね．

B 君：X 教授，こないだの生物工学会にも来てなかったね．でも学会で「バイオインフォマティクス相談部会」というブースを見つけて，つい相談したら，じゃ，教えてあげるよって言ってくださったので，これからノート PC 持って R 研まで教わりに行くところなんだけど，いっしょに行く？

A さん：行きます．もちろん！　チャリンコのカギとノート PC を取ってくるので下で待ち合わせましょ．ついでに晩御飯の買い物もですね．

〜二人で R 研に向かう〜

B 君：お忙しいところ申し訳ありません．ひとり増えたのですがよろしいでしょうか？　後輩の A さんです．

H 研究員：もちろんいいよ．やる気出てきた．それで Windows への Python のインストール法わかった？

図 13.1　Python プロジェクトの Top page

B 君：Python のホームページ (https://www.python.org) に入ると，図 13.1 の画面が出てくるので，メニューの Download から Windows を選んで（図 13.2），ファイルをダウンロードしたのですが．よくよく見ると，Python2 と Python3 というのがあるみたいなのと，あと 32bit (x86) と 64bit (x86-64 or amd64) の選び方がわからないのですが．

図 13.2　ダウンロードのページへ移行する

H 研究員：Python はバージョン 2 から 3 になったときに文法に互換性がなくなって，Python2 用のプログラムが Python3 では動かなくなってみんな困ったんだよね．でも，あらかた問題は解決したので迷わず Python3 の 64bit で問題なし[1]．

B 君：それから NumPy というパッケージのインストール法がわからなくて．

H 研究員：機能を拡張するための優れたパッケージがたくさんあるのが Python のウリなんだけど，Windows ではそのインストールが鬼門になっている（パッケージをインストールするためのパッケージが必要など）ので，よほどのことがない限り Anaconda を使うのがおすすめ．Anaconda は Python のディストリビューション[2]の一つで，NumPy など生物工学分野の用途で使いそうなパッケージがあらかじめ組み込んである．これをインストールしよう．

A さん・B 君：ノート PC は持ってきました．

H 研究員：じゃあ，https://www.anaconda.com/download/ からダウンロードしよう．緑の帯の下半分にある Windows のマークをクリックすると，Python3, 64bit の最新版がダウンロードされる．ダウンロードしたファイルをダブルクリックするとインストーラーが起動する．インストールの際，いろいろと聞かれるが，特に問題なければ Yes か「次へ」で進めばいい．

A さん・B 君：できました．

H 研究員：では，さっそく Python を使おう．まず，Windows のコマンドプロンプトを開いて

```
>python
```

と入力してリターンを押すと

1　ネットから情報を仕入れるときはどっちのバージョンなのか必ず確認しよう．あと，64bit と 32bit は共存できないので気を付けよう．

2　Anaconda は 2020 年 4 月からライセンスが変更になり，個人が個人的な非ビジネス目的，教育機関の学生または職員が教育活動に関連して使用する場合などは無料となるが，従業員 200 名以上の企業体などが使用する場合は有償となっている．ご注意いただきたい．

A さん：あの！　B 先輩の目から今，たましいが抜けました．私もなぜかじんましんが‥‥．

H 研究員：Python が起動する ‥ というのは冗談で‥‥．君たちもコマンドプロンプトはダメみたいだね．そういう人向けに Anaconda には Spyder という統合開発環境が用意されている．Windows メニューから Anaconda3 64bit 内の Spyder を選ぶと起動する（図 13.3）．

図 13.3　Spyder の起動と起動画面

A さん：あ，B 先輩の意識が戻りました．よかった．

B 君：黒い画面のコンソールを見るとなぜか意識が‥‥．

H 研究員：目を覚まし立てのところ申し訳ないんだが，起動してうまく動いたか確認するために，右下の「コンソール」をクリックして 1+1【リターン】と入力してくれないか．

B 君：あれ，なにかエラーが出ているっぽいんですが（図 13.4）．

H 研究員：いきなり 2 バイト文字（全角）で入力するとは，やるね．2 バイト文字はエラーの原因によくなるので，気を付けよう．

A さん：出会い頭が苦手なのは先輩らしいですね．漢字入力モードを英語入力モードにして 1 バイト文字を入力すると

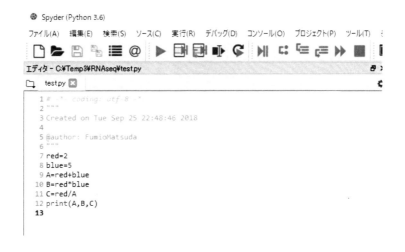

図 13.4　2 バイト文字のエラー

```
In [2]:  1+1
Out[2]:  2
```

ほらちゃんと 2 と出ました.

H 研究員：ちゃんとインストールできたのが確認できたら次は左の「エディタ」の緑色の文字の下に下記のプログラムを入力してみよう.

```
red=2
blue=5
A=red+blue
B=red*blue
C=red/A
print(A,B,C)
```

H 研究員：入力できたらツールバーの左から 3 番目のアイコンをクリックして，test.py という名前で desktop の work というフォルダー（ない場合は作る）に保存しよう．その次は，左から 7 番目の右矢印のアイコンをクリックしよう．これで test.py のプログラムが実行され

る．実行結果は右下の「コンソール」に表示される．

H 研究員：ここまでは，ついて来られた？
A さん：何とか‥‥．
B 君：あれ，またエラーが！

```
File "C:/Users/FumioMatsuda/Desktop/work/test.py", line 9
    A=red+blue
    ^
IndentationError:  unexpected indent
```

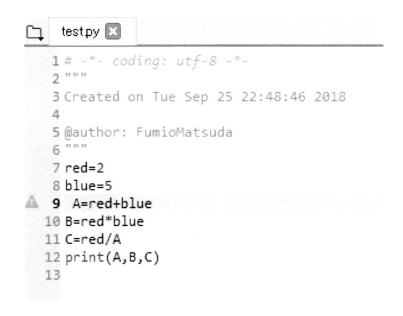

H 研究員：これは 9 行目の A の前にスペースがあるといって怒られているんだね．次回に説明するけど，Python はこの字下げ（インデント）にも意味があるので，意味なく A の前に空白を入れるとエラーが出る．で，このプログラムは解読できるかな？
A さん：red, blue, A, B, C は変数ですよね．
H 研究員：その通り．変数とは，数値などを格納しておく記号のようなものと思えばいい．ここ

では，red に 2，blue に 5 を割り建てたことになる．

四則計算は Excel と同じく加法は「+」，減法は「-」，乗法は「*」，除法は「/」で表すんだ．先のプログラムでは A に red に blue を加えたものを割り当てていることを表している．B は red に blue を掛けたもので，C は red を A で割ったものとなるんだ．なぜ，こんなややこしいことをするかというと，上のプログラムでは red と blue の値だけを変えると，自動的に A，B，C が計算されるね．数字を 2 か所に入れればいいので，便利だと思わないか．

B 君：確かに．

H 研究員：こんなわけで，できるだけ少ない入力で済まそうとすると，プログラムを組む必要があるわけだ．

A さん：便利ですね．でも，プログラムを組むのって，難しそうですね．

H 研究員：2020 年から，小学校でプログラミングが必須になるから，大学院生も基本くらいは知っていないと，小学生に大きな顔ができなくなるんじゃないか？ ところで，ここまでは，ついて来られた？ 次回は，基本的な命令を説明することにしよう．できれば，データの集計くらいはできるようにしたいと思うんだが．

A さん・B 君：頑張ります．

参考文献

Python に関するテキストは山のようにある．基本的なことに関しては，どの本でも同じだと思うので，どれがいいかを選ぶポイントは，読んでみて，これなら読めそうだと思うかどうかではないだろうか．本屋で，一度，自分に合ったものを探してほしい．

第14章　Pythonの文法 分岐と繰り返し

　前回，Python の基本的な使い方を説明した [1] が，これだけではプログラムを書くことはできない．今回は，プログラムを書くうえで必要不可欠な分岐（正確には，条件分岐）と繰り返しの命令を説明する．プログラミングの上達のカギは，沢山のプログラムを書いて，失敗をすることだと筆者は考えている．また，プログラムの解説に，すべてが書かれているわけではなく，解説にないところも，プログラム例から学ぶことが重要である．

14.1　条件分岐

A さん：プログラミング言語の基本といえば，条件分岐と繰り返しですよね．Python の文法になにか特徴があるんですか？

H 研究員：Python のすごさはなんといってもインデント（字下げ）だよね．B 君ってさ，数か月まえに自分が書いた R のスクリプトがぐちゃぐちゃであとから読んでもわかんなかったこととかない？

B 君：しょっちゅうです．とくに条件分岐や繰り返しが入れ子になると，こんがらがってますね．

H 研究員：条件分岐とは「もし，〜なら，○となり，そうでなければ，△となる」という形の処理だよね．

　例 1.1：x に代入した数値が負の数なら 0，正の数ならそのまま出力する R のスクリプト（よくない見本）

```
x < -1
if (x < 0) {x =0 }
            print(x)
```

このプログラムを R で実行すると 0 と出力されるのだけど，各行の前にスペースがあってもなくても，{}で囲んだ if 文のブロックが 1 行でも複数行でもいい．自由にかけるのは楽でいいけど，あとで読み返すときとか，バグがあるときに混乱のもとになる．Python はこういう自由を認めてくれない．

　例 1.2：例 1.1 を Python 用に書き直したもの

```
x = -1
if x < 0:
        x = 0
print(x)
```

#はコメントであることを示し，（:）は if での処理の際，必須の書式である．まず，同じ階層の行の左端は揃っていないといけない．勝手にスペースを入れてはだめ．次に，if 文のブロッ

クはタブでのインテンド（字下げ）で表現する.

エラーが出る例 A

```
x = -1
if x < 0:
        x = 0
  print(x) #print の前に空白がある.
```

エラーが出る例 B

```
x = -1
if x < 0:
x = 0 #if 文のブロックのインテンドがない
print(x)
```

A さん：これは，いいかも. 読みにくいスクリプトがそもそも書けないんですね. B 先輩向けかも.

H 研究員：ちなみに例 1.2 を実行したら表示されるのは？

B 君：0 ですよね.

例 2：合計が 60 以上なら "OK"，60 未満なら "False" を出力する Python スクリプト

```
S = 10 + 20 + 15
if S>=60:
      R="OK"
else:
      R="False"
print(S, R)
```

A さん：これを実行した時の出力は else が「そうでなければ」の意味なので,

```
>45, False
```

ですよね.

例 3：1〜100 の乱数を用いて，90 以上を S，80〜89 を A，70〜79 を B，60〜69 を C，60 未満を D とするプログラムを書くスクリプト

```
import random   # random モジュールの読み込み
p=random.randint(0,100)   # 0-100 の整数乱数の発生
```

この書き方は 0 を含む 101 個の整数を意味している.

```
if p>=90:
        R="S"
elif p>=80:
        R="A"
elif p>=70:
        R="B"
elif p>=60:
        R="C"
else:
        R="D"
print(p, R)
```

H 研究員：これを実行すると，乱数の値と判断の組合せが，47 D や 81 A というように示される.

14.2　条件を満たす間の繰り返し

H 研究員：たとえば，ある方程式の解を見つけるような場合を考える. 解が見つかるまで計算を繰り返す必要がある. このようなプログラムでは "while ~ " を用いる.

例 4：1～11 の間の三つの数の合計が 17 となる組合せを求めるスクリプト

```
import random # random モジュールの読み込み
a = 0
b = 0
c = 0
while (a+b+c) != 17:  # a+b+c が 17 以外は繰り返し
    a= random.randint(1,11) # 1-10 の整数乱数の発生
    b= random.randint(1,11)
    c= random.randint(1,11)
print(a,b,c)
```

B 君：実行すると（6 4 7）や（1 10 6）などの組合せが出力されますね. なんでだろ？

A さん：while (a+b+c) !=17: というのは，a+b+c の値が 17 以外の時にループを回すという意味なので，a+b+c = 17 の組合せが見つかったときにループが終了して，print (a,b,c) で結果が表示されるわけですね.

14.3　指定した回数の処理を繰り返す

H 研究員：指定した回数の繰り返しの場合には " for in " を用いる.

例 5：0～9 までの数字を表示させるスクリプト

```
for i in range(10):
        print(i)
```

A さん：0〜9 の数字が縦に表示されました．range(10) なのに 9 で終わってしまうんですね．

H 研究員：ここも Python でよくつまずくポイントだね．range(10) は 0 から 10 個，つまり 9 までを表示してという意味だね．もし，range(4,8) とすると 4 から 8-4=4 個，4,5,6,7 が縦に表示される（自分でやってみるといいよ）．

H 研究員：じゃ，ここまで習った if 文，for in 文を使って，モンテカルロ法による円周率を求めるプログラムを作ってみようか．こういう感じ．

乱数により 0〜1.0 の間の x と y の数値を多数発生させる（$0 \leqq x \leqq 1$，$0 \leqq y \leqq 1$）．

半径 1 ($x^2+y^2=1$) の円内の点の数を数える．

全点の数を N+1，円内の点の数を n とすると n/(N+1) が円の面積の 1/4 となるので，円周率 (pi) を求めることができる．

B 君：これをアルゴリズムにするんですね．えーと ⋯．

A さん：こんな感じでしょうか？

---

n にゼロをセット

繰り返し回数 N をセット

N 回繰り返す:

　　　　x, y の値を乱数で生成

　　　　もし $x^2+y^2 < 1$ だったら:

　　　　　　　n に 1 を追加

4*n/(N +1) を出力

H 研究員：いい感じだね．これを命令に置き換えていけばいいよ．0-1 の間の一様乱数を生成する方法を知りたかったら "一様乱数 Python" でググればすぐ見つかるから．

B 君：numpy.random.rand() を使えとありますから，numpy モジュールをインポートすればいいんですね．

例 6：モンテカルロ法で円周率を求める

```
import numpy
n=0
N = input("number:   ") #繰り返し回数 N を入力
N = int(N) #繰り返し回数 N を数値に変換
for N in range(N):
        x=numpy.random.rand() # x, y の値を乱数で生成
```

```
        y=numpy.random.rand()
        if(x**2+y**2<=1):
                n = n + 1
pi=4*n/(N+1)  # 4*n/(N +1) を出力
print(N+1)
print(pi)


N=1000 とした時，pi=3.156
N=10000 とした時，pi=3.1208
N=100000 とした時，pi=3.13804
```

H 研究員：となった．点を乱数で打つので，この数値は計算をするごとに異なってくる．一度試してみてね．

A さん：今回は，いろいろ教えてくださりありがとうございました．

B 君：研究データを Python で頑張って解析します．

H 研究員：今後，データ解析で困ったら「日本生物工学会 バイオインフォマティクス相談部会」に相談してね．待ってるよ．

14.4　実験のシミュレーション

C 君：A さん，あの，ちょっと今いいですか？　こないだのセミナーで，先輩，メタボロームデータ解析の発表をされてましたよね．

A さん：ばらつくデータの取り扱い方を考察したやつね．

C 君：メタボローム解析では，【サンプル B のピーク面積値】／【サンプル A のピーク面積値】を算出する相対定量を行うのが一般的だ，と．

A さん：そうそうそれで，サンプル間のピーク面積値のばらつきが相対標準偏差で 10 ％くらいだから，そこから必要な実験の反復数について説明したやつね．

C 君：すごくおもしろかったです．B 先輩からは「とりあえず実験は 3 反復だ」と教わったんですけど，A さんの説明でその理由がわかりました．

A さん：わ！　そう言ってもらえると嬉しいな．

C 君：でも，ひとつ引っかかることがあって ‥‥．二つのピーク面積値を割り算して，相対定量値を計算するんですよね？　それがばらつきに影響しないんですか？

A さん：ほんとだ．じゃ，調べてみよっか．Python で．今ちょうど復習をしてたのよね．まずは反復数は 3 にしてはこんな感じかしら．

例 7：相対定量のシミュレーション

```
import numpy # nunpy のインポート
n=3 # 反復数
sample_A = numpy.random.normal(1.0, 0.1, n) #平均値 1，標準偏差 0.1 の正規分布から n 回ランダムサン
プリングしたリストを生成する
sample_B= numpy.random.normal(2.0, 0.2, n) #平均値 2，標準偏差 0.2 の正規分布からサンプリング
rel = numpy.average(sample_B)/ numpy.average(sample_A) #【サンプル B のピーク面積値】／【サンプル
A のピーク面積値】を算出
```

```
print(rel)
```

実行結果（数値が毎回少し変わる）

```
>>>
1.9582580023570477
```

C 君：numpy.average() は平均値を計算する関数ですね．2.0 に近い数字になってますが，1 回
だけしか計算してくれないし．

A さん：まかせなさい．10000 回繰り返して，その結果をリストに保存しましょ‥‥．

C 君：（しばらくして）先輩，あれ，どうしました？

A さん：リストにデータを順番に保管していきたいんだけど，どうするんだったっけ？

C 君：そういう場合は「Python リスト　追加」で検索してみるといいそうですよ．

A さん： append() を使えってでてきた．あと，標準偏差を計算するのは numpy.std() みたい
ね．

例 8：相対定量を 1 万回繰り返す

```
import numpy # nunpy のインポート
n=3 # 反復数
list_A = [] #空のリストを作るおまじない．A の平均値を保存する
list_B = [] #B の平均値を保存する
list_rel = [] #B/A を保存する
for i in range(10000):
        sA = numpy.random.normal(1.0, 0.1, n)
        sB= numpy.random.normal(2.0, 0.2, n)
        rel = numpy.average(sB)/numpy.average(sA)
        list_A.append(numpy.average(sA))#list_A の最後に sA を追加
        list_B.append(numpy.average(sB))
        list_rel.append(rel)
#10000 回の試行結果の平均値と標準偏差を表示
print("A", numpy.average(list_A), numpy.std(list_A))
print("B", numpy.average(list_B), numpy.std(list_B))
print("rel", numpy.average(list_rel), numpy.std(list_rel))
```

n=3 のときの実行結果（数値が毎回少し変わる）

```
>>>
A 1.0003365002658988    0.05814165591750018
B 2.0007606003285012    0.11512307080399363
rel 2.006791446650835    0.16370240105126477
```

C 君：A の行には，A の平均値 (n=3) を 1 万回計算した時の平均値と，標準偏差が表示されて
いるんですよね．平均値がおおよそ 1 なのでうまくいっているっぽいんですが，標準偏差はこ

れで正しいんでしょうか？　確かめないといけないですね．

A さん：確かに平均値の標準偏差は，もとの標本集団の標準偏差より小さくなるもんね．でもどうしたらいいんだろ．うーん．こういうのは B 先輩に聞いても，頼りにならないし．

C 君：n=3 の平均を取るからややこしくなるので，n=1 にしてみたらどうでしょうか？

A さん：2 行目の n=3 を n=1 にすればいいのね．

n=1 のときの実行結果（数値が毎回少し変わる）

```
>>>
A 1.0009504244086636    0.09966095679847731
B 1.999366148874661    0.1988293879813715
rel 2.0179806991821505    0.2903994501621393
```

C 君：A と B の標準偏差はほぼ 0.1 と 0.2 になってるから，プログラムはきちんとこちらの意図通りに書けたみたいですね．

A さん：問題は rel よね．B／A を計算すると，標準偏差が大きくなってない？

C 君：確かに，相対標準偏差に直すと 0.145 だから，元のデータの 0.1 に比べて悪化してますね．

A さん：昔，X 教授から，誤差の伝播っていうのを教えてもらったんだけど…．

C 君：それで，先輩がプログラムを書いている間に，スマホで検索して調べてみたんですけど，すぐページがいくつも見つかりました．除算の誤差の伝播の式は，M は測定値，e は誤差，A，B はサンプルを示すとき以下のようになります．

$$(M_B + e_B)\big/(M_A + e_A) = M_B/M_A \pm \sqrt{(e_B/M_A)^2 + \left(e_A M_B/M_A{}^2\right)^2}$$

A さん：なるほど！　じゃ，MA = 1.0, eA = 0.1, MB = 2.0, eB = 0.2 を代入したらいいのね…．

C 君：それで，スマホの電卓でさっき計算したんですけど，2.0 ± 0.283 となりました．シミュレーション結果とおおよそ合いますね．おもしろい！

A さん：そっか，二つのデータの相対値を計算するために除算するとばらつき（標準偏差）が大きくなっちゃうのね．

C 君：それであの，セミナーの話に戻るんですけど…．

A さん：なるほど！　私はあの時，相対値のばらつきも除算する前と同じとして，議論しちゃってたわ！　間違いだったのね．ありがとう．教えてくれて嬉しいな．

C 君：いや，データを解析するためにきちんと理詰めて考察してる A 先輩がすごいです．でも，どうすればいいんでしょうか？

A さん：相対値を計算すると，ばらつきがルート 2 倍になるんだったら，割り算をする前の A と B の平均値のばらつきを小さくすればいいのかな．

C 君：じゃ，反復数を n=2 にして試してみましょうよ．

n=2 のときの実行結果（数値が毎回少し変わる）

```
>>>
A 1.0003905177358074 0.07043537538376017
B 1.9969789441527441 0.14296065661561533
rel 2.0062417162260653 0.2030769138796842
```

C君：あ，rel の標準偏差が 0.2 になりましたね．

A さん：平均値の標準偏差（標準誤差）は標本集団の標準偏差の $\sqrt{n}$ 分の 1 になるから．そう
か，前回の報告では，n=3 の反復数が必要ってことになったけど，本当はその 2 倍の n = 6 は
いるってことね．そか，メタボローム解析用の実験を考え直さなくっちゃ．

C君：Python でシミュレーションをするといろいろな条件を簡単に試せるから楽ですね．で
も，結果を見ていると rel の平均値や標準偏差の値がちょっと理論値とずれるのが気になるん
ですが‥‥．

A さん：ほんとだ，なんでだろ．ちょっと調べてみよっか？ 付き合ってくれたら晩御飯ごちそ
うするよ．

参考文献
[1]　松田史生，川瀬雅也：生物工学, **97**, 226 (2019).

[2]　大重美幸著「Python3　入門ノート」（ソーテック社）を参考にし，プログラムコードを一部改変して紹介した．

第 15 章　Python による統計入門 1

　前回，基本的な文法を解説したので，今回と次回で，Python を使った基本的な統計処理法を解説したい．さて，海外出張（海外逃亡？）していた X 教授が戻ったとのことで，例の二人組が早速，X 教授のもとを訪れた．

15.1　何故，Python で統計を？

A さん：X 教授，お帰りなさい．

B 君：どこへ行ってらっしゃったのですか．

X 教授：やあ，二人とも久しぶり．うーんとだね，ヨーロッパから雄琴，アジアあたりを回って有意義だったよ．

　ところで，Python を勉強中って H 君から聞いたよ．

B 君：そうなんです．ただ，ちょっと新鮮なだけで統計処理なら R でいいのかなって気もしますけど．

X 教授：なるほど．データサイエンスの世界で Python がよく使われる理由は，何といっても Python という言語の分かりやすさだね．これは，納得してもらえると思うが．

A さん：はい．十分，納得です．

X 教授：あと，Python は苦手なことが少ないんだ．無料で，数値計算も得意で，わかりやすいから，深層学習用フレームワークは Python 用が多いね．だからここ数年大人気なんだ．プログラミングの情報も，充実している．強いて欠点をあげると，ちょっと遅いことくらいかな．

A さん：そこで，以前教わった統計処理の基礎を Python で復習してるんです．

B 君：でも，R で簡単にできたことを Python でどうすればいいのかがわからなくて，うまくいかないんです．

15.2　Python を使う＝モジュールを使う

A さん：第 1 章で R の練習に用いたデータをダウンロード[3]してきました（表 15.1）．CSV ファイルで列方向にデータが並んでます．一行目が見出し行です．1 列目（ID）が見出し列，2（A），3（B）列目にそれぞれ A と B のデータが 20 個ずつ並んでいます．データは，C：直下の pydata に test1.csv という名前で置いてみました．

X 教授：ふむふむ．

B 君：H さんから教わったように，左下の Windows => Anaconda => Spyder を立ち上げました．次に，右下のコンソールにコマンドを入力して，ファイルを読み込みたいんです．で，Python のドキュメントを調べたんですが・・・．

X 教授：載ってなかったんだね．

A さん：そうなんです．先輩いきなりやる気ゼロです．

B 君：R だとすぐできたのに・・・．

3　近代科学社のサポートページからダウンロードできる．

表 15.1　コロニー数

A さんのコンピテントセル	B 君のコンピテントセル
15, 19, 22, 16, 18,	15, 19, 28, 29, 20,
21, 25, 17, 18, 17,	21, 20, 21, 21, 27,
16, 14, 11, 12, 19,	17, 19, 22, 23, 22,
13, 13, 10, 18, 12	21, 23, 25, 19, 21

X 教授：Python はモジュールでいろんな機能が追加できる，って聞いているよね．でも，R と違って，すっぴんの Python だけではほとんど何もできないんだ．つまり，モジュールを使いこなすことが秘訣なんだよ．統計処理で必要なモジュールは，numpy, pandas, scipy, pyplot,scikit-learn くらいだと思う．

B 君：でも，使えるモジュールをどこで探すんですか？

X 教授：検索エンジンで "python csv 読み込み" で調べてみよう．

B 君：ほんとだ，いろいろ出てきました．このページには "csv" ってモジュールの使用法が書いてあります．

A さん：こっちのページは "NumPy" モジュールを使った CSV ファイルの読み込みの説明がありました．

X 教授：Python を R っぽく使うための "pandas" っていうモジュールでも CSV ファイルの読み込み機能がある．

B 君：うーん．ややこしい．では，どれを使えばいいんですか？

15.3　pandas を使ってみる

X 教授：どれでもいいんだけど，今回は pandas を使おう．R にデータフレームってあったよね．Python でデータフレームを使えるようにしたのが pandas だ．便利なのでデータの入出力によく使われる．データ解析に必要な関数も入っている．Anaconda に含まれているから，インストールも不要だ．

B 君：じゃあ早速やってみよう．確か‥‥．

```
In[1]:  import pandas
```

ってすればモジュールが読み込まれるんだよね．

A さん：では，検索で見つけたこっちのページの記述をまねして，read_csv で test1.csv を読み込んでみよっか．ファイル名は '/pydata/test1.csv' で見出し列を index_col='ID' で指定したらいいみたい．

```
In[2]:  df=pd.read_csv('/pydata/test1.csv',index_col='ID')
Traceback (most recent call last):
   (略)
NameError:  name 'pd' is not defined
```

A さん：あれ，なにやらエラーが出ましたよ，先輩．

B 君：なんで？　書いてある通りにやったのに．

A さん：あ，これは名前空間ってやつですね．こないだ C 君が教えてくれました．

X 教授：その通り．A さんが参考にしたページでは pandas モジュールを

```
In[1]:  import pandas as pd
```

として読み込んでないかい？

A さん：確かにその通りです．：pd が pandas の代わりの名前になるんですよね．次のスクリプトと

```
import pandas as pd
df=pd.read_csv ('/pydata/test1.csv',index_col='ID')
```

と，次のものは同じことをしていますね．

```
import pandas
df= pandas.read_csv('/pydata/test1.csv',index_col='ID')
```

あと，pandas から read_csv の機能だけを読み込むには

```
from pandas import read_csv
df= read_csv('/pydata/test1.csv',index_col='ID')
```

というのもアリだと C 君が言ってました．

X 教授：ふーん．C 君って学生はなかなか詳しいね．read_csv という機能に違う名前（空間）を付けて呼び出すことができるんだ．検索で見つかる例をいくつか見るとわかるけど，

```
import pandas as pd
```

が pandas を呼び出すときによく使われているね．

B 君：うーん．これまたややこしいですね．Python のどこがいいんだろ？

X 教授：じゃあ pandas の便利機能をいろいろ試してみよう．

```
In[1]:  df.head() #最初の五つのデータを表示
     A    B
ID
1    15   15
2    19   19
3    22   28
4    16   29
```

```
5     18    20
```

読み込まれたデータの先頭後 5 行が確認できる．データを読み込んだデータフレーム df に head() という命令を出す．という感じかな．このようなお作法をオブジェクト指向という[4]．

B 君：ところで，データの確認は，いつも行うんですね．

X 教授：その通りだね．面倒でも必ず，データを正しく読み込んだかどうかを確認する癖をつけるように．B 君のデータが，確か正規分布に近かったので，こちらのデータを使って基本統計量を出してみよう．

B 君：A さん，昔は，実験下手だったよね．

A さん：今は，私の方が，いいデータを出しています．先輩，後で，お話をしましょうね．

B 君：…．まずい！！

X 教授：相変わらずで，楽しいね．平均の計算法は "pandas 平均" で検索すると見つかるよ．あと，各列のデータは列の名前の df['A'] と df['B'] で抜き出せる．

```
In[14]:df['B'].mean()
Out[14]:  21.65
```

df['B'] というデータフレームに mean() という命令を出して平均の計算をやってもらっている．同じように，中央値や，最頻値は，標本分散，不偏分散，四分位なども計算できるよ．

```
In[15]:  df['B'].var() #不偏分散の計算
Out[15]:  12.239473684210525
In [16]:  df['B'].describe()#四分位を調べる
Count     20.000000
Mean      21.650000
Std        3.498496
Min       15.000000
25%       19.750000
50%       21.000000
75%       23.000000
Max       29.000000
```

15.4　NumPy

X 教授：Python は数値計算が遅いんだ．そこで数値演算を高速に実行可能な NumPy というモジュールが作られている．NumPy は商用数値演算ソフトウェアの MATLAB を意識して作られたフシがある．NumPy にも平均を計算する機能が，関数として提供されている．df['B'] の平均を求めるには

```
In[23]:  import numpy as np #numpy
```

4　データフレームオブジェクトのインスタンスである df の head() メソッドを呼び出している．

を np として読み込む

```
In[24]:  np.mean(df['B'])
Out[24]:  21.65
```

とする．df['b'] の平均値の計算を np.mean() にお願いする．というイメージだ．こういうの
を関数型という．pandas とは機能を利用するときのスタイルが違うんだ．

B 君：これまたいろいろあってややこしいですね．

15.5 Matplotlib

X 教授：では，ヒストグラムを書いてみよう．まず，作図に使う matplotlib というモジュール
を import する．Matplotlib は Python と NumPy のためのグラフ描画モジュールで，さま
ざまな種類のグラフを描画できる．R や MATLAB のようにグラフを書くことができる．下
記の例では Matplotlib のなかの pyplot というサブモジュールを plt という名前で読み込ん
でいる．Matplotlib は巨大なので，必要な一部だけ読み込んだほうがいい．

```
In[1]:  import matplotlib.pyplot as plt
In[2]:  B_scores=(df['B'])
In[3]:  plt.hist(B_scores,range(15,30,3))
In[4]:  plt.show()
```

とすると，図 15.1 のようにヒストグラムも，階級の幅を自由にできる．

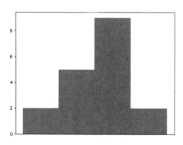

図 15.1　B 君のヒストグラム 1

```
In[5]:  plt.hist(B_scores,range(10,40,2))
In[6]:  plt.show()
```

では，図 15.2 のようになる．R で，自由に作図するのは勉強が必要だ．こういった操作は，
Python の方が簡単だと思う．

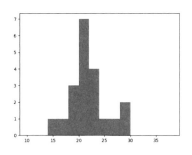

図 15.2　　B 君のヒストグラム 2

B 君：なるほど.

A さん：自分の目的に合った図を描けるのがいいですね.

B 君：説明だと簡単にできそうですが, 実際, 自分でやってみると訳が分からなくなるような気がする ….

A さん：先輩, 練習あるのみです.

X 教授：まずは今, 説明したコマンドをまねることが大事だね. それと, 失敗することだ. 失敗して自分で調べて解決することで, 勉強になることも多いからね. では, 箱ひげ図も書いてみよう.

```
In[7]:  plt.boxplot(B_scores)
In[8]:  plt.show()
```

とすればいい（図 15.3）.

```
In[9]:  A_scores=(df['A'])
In[10]: points=(A_scores, B_scores)
In[11]: fig, ax=plt.subplots()
In[12]: bp=ax.boxplot(points)
In[13]: ax.set_xticklabels(['A','B'])
In[14]: plt.show()
```

とすると, 図 15.4 のように, 並べて表示もできる.

15.6　定番の t-検定

X 教授：次は, t-検定の「2 群間の平均値の差の検定」をやってみよう. t-検定の手順を覚えているかな.

A さん：まず, データの正規性を確認して, 正規性があれば, 分散が同じだとしていいかを見るんでしたね.

B 君：分散が同じと見てよければ, Student の t-検定で, そうでなければ, Welch の t-検定でしたよね.

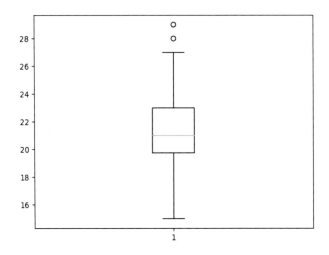

図 15.3　　B 君の箱ひげ図

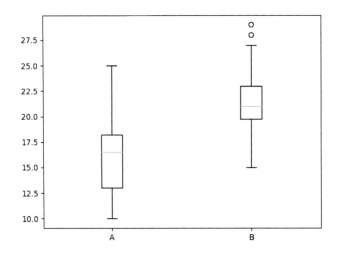

図 15.4　　A さんと B 君の箱ひげ図

A さん：最近は，分散の結果によらず Welch の t-検定が奨励されているんでしたよね．

X 教授：その通り．これは，実験で得られるデータ数が多くないことが理由の一つだ．分散は同じ経験的に分かっている場合は，Student の t-検定を使うとされる．

A さん：思い出しました．

X 教授：まず，正規性を Shapiro-Wilk 検定で確認しよう．データが，正規分布からサンプリングされたことを帰無仮説とする検定だ．一番簡単な検定法なので，覚えておくといいと思う．統計関連の機能は SciPy の stats というモジュールを使うのが定番だ．SciPy は MATLAB が得意とする科学（工学も含む）計算用の機能を集めたものだ．

```
>>> from scipy import stats
```

のようにすれば，stats として読み込める．

A さん：検索したら，Shapiro-Wilk 検定は stats.shapiro() を使うとできるみたいです．

```
In[1]:  stats.shapiro(df['A'])
Out[1]:  (0.97403883934021, 0.8367815613746643)
In[2]:  stats.shapiro(df['B'])
Out[2]:(0.9433026909828186, 0.27662190794944763)
```

B 君：また，謎の数字が····．
A さん：記事によると，2 番目の数字が「正規分布に従う」という帰無仮説の p 値ですね．
B 君：有意水準（α）を 0.05 とした場合，どちらのデータも正規分布に従うと言えそうだね．
X 教授：続けるよ．次は，等分散性を見るために，stats.bartlett () を使う．

```
In[3]:  stats.bartlett(df['A'], df['B'])# Bartlett 検定
Out[7]:BartlettResult(statistic=0.212635663259222,
pvalue=0.6447093949960747)
```

pvalue > 0.05 となったので，等分散とみていいという結果を得た．では，Student の t-検定を行ってみよう．

```
In[7]:  stats.ttest_ind(df['A'], df['B']) # Student の t 検定（両側）
Out[7]:Ttest_indResult(statistic=-4.5701551189045775, pvalue=5.0339521850954004e-05)
```

となって，二人の結果には有意差があるとでたね．
A さん：ありますね．言っときますけど，C 君と同じことをやったときは，私のほうがいい結果でした．
X 教授：Welch の t-検定をするには，equal_var=False を追加する．

```
In[8]:  stats.ttest_ind(df['A'], df['B'], equal_var=False) # Welch の t 検定（両側）
Out[8]:Ttest_indResult(statistic=-4.570155118904578, pvalue=5.135631081375577e-05)
```

だから，結果は有意差ありで同じだね．R と違って，Python の stats では Student の t-検定がデフォルトだということだ．
B 君：要注意ですね．後，対応のある場合の検定は，どうやればいいんですか．
X 教授：ちょうど，二人のデータ数が同じなので，データに対応があるとして検定してみよう．

```
In[9]:  stats.ttest_rel(A_scores,B_scores)
Out[9]:Ttest_relResult(statistic=-4.5107775821121745,
pvalue=0.00023926161875353514)
```

となって，有意差があるね．

A さん：stat.ttest の後，ind とするか rel とするかの違いですね．R よりも簡単かもしれませんね．

X 教授：その通りだ．「有意差がある」＝「差がある」と考える人は，まだ，多いと思う．有意差の意味をしっかりと理解して，統計処理の結果を使うようにしなければならないことを，いつも，頭の中に持っておいてほしいな．

参考文献

[1]　谷合廣紀：Python で理解する統計解析の基礎，技術評論社 (2018). 変数名などは，本書に準じている．

第 16 章　Python による統計入門 2

前回に続いて，Python を使った基本的な統計処理法を解説したいと思う．χ^2 検定，重回帰分析を復習して，最後はニューラルネットワークを作ってみよう．

16.1　χ^2 検定

X 教授：まず，研究室メンバーの血液型の分布が，日本人の典型的な構成による分布と同じとみていいかどうかを検定しよう（表 16.1）．帰無仮説は「日本人の典型的な構成と同じ分布である」で，対立仮説は「日本人の典型的な構成と同じ分布であるとは言えない」となる．度数 (n_i) はメンバーの総計 (N) 50名の内訳で，期待確率 (p_i) は日本人の構成比というのは分かるね．期待度数は，もし，標準的な構成比通りなら，各血液型の度数は幾らくらいかを計算したもの，つまり，Np_i の値だ．

表 16.1　研究室メンバーの血液型の構成

	A 型	B 型	AB 型	O 型	合計
度数	13	13	9	15	50
期待確率	0.38	0.22	0.09	0.31	1
期待度数	19	11	4.5	15.5	50

B 君：つぎは χ^2 検定ができるモジュールを探すんでしたね．前回使った scipy.stats モジュールにあるかな？

A さん："Python カイ 2 乗検定 scipy.stats" で検索してみると，scipy.stats.chisquare () を使っているものがたくさん見つかりました．

X 教授：じゃ次は "scipy.stats.chisquare" で検索したら SciPy のホームページが見つからないかね？

B 君：ありました．"scipy.stats.chisquare — SciPy v1.2.1 Reference Guide" って，英語のページが見つかりました．

X 教授：そのページには使い方が説明されている．たとえば，"Parameters:" というところに

f_obs : array_like
Observed frequencies in each category.
f_exp : array_like, optional
Expected frequencies in each category. By default the categories are assumed to be equally likely.
ddof : int, optional
"Delta degrees of freedom": adjustment to the degrees of freedom for the p-value.
以下略..

> axis : int or None, optional. 以下略..

とあるのを解読してみよう.

B 君：英語なんですけど‥‥.

A さん：（無視して）一つ目の引数 f_obs は，観察された度数みたいですね. array_like というのは，リスト形式でいいってことでしょうか？　となると [13,13,9,15] になるんですかね.

X 教授：次の f_exp は期待度数のことだね. optional というのは，指定しなくてもいい. ということだ. もし f_exp を指定しなかった場合は，期待度数を均等とする. と書いてある. リスト形式で [19,11,4.5,15.5] と指定しよう. 残りの ddof と axis は optional だからとりあえず，無視してやってみよう.

```
In[1]:from scipy import stats #モジュールの読み込み
In[2]:stats.chisquare([13,13,9,15],[19,11,4.5,15.5])
Out[2]:Power_divergenceResult(statistic= statistic=6.774502237999692,
pvalue=0.07944323820060163)
```

A さん：出力の意味は同じページの Returns:というところにあるみたいですけど，今回はわかりやすいですね. この p 値は，第 8 章で R を使った時の値と同じになってますね.

B 君：ソフトごとに，使い方が違ったり，出力の見方が違ったり，混乱しますね.

A さん：R にもそういうところはありましたし，無料で使わせてもらっているんだから，文句は言えないかも. 自分がしっかりしていれば，問題ないということですね.

X 教授：その通りだね. それが嫌なら，自分で，自分に合ったものを作るしかないね. Python を勉強しているから，できるようになるかもしれないね.

B 君：できるまでに，地球が滅びそうですね.

A さん：大げさじゃないですか.

X 教授：では，独立性の検定もやってみよう. ここでも，前のデータを使おう（表 16.2）. この表は 2 行 2 列であるので 2×2 分割表とよばれる. この例では，新薬 A は偽薬 B より効果があったかということを調べるんだったね. あと，帰無仮説は，行項目と列項目は独立している，つまり，関連性はないんだ.

表 16.2　新薬 A と偽薬 B の効果

	症状の改善	
	有り	無し
新薬 A	196	107
偽薬 B	78	211

X 教授：じゃ，どうやって実行するか調べてみようか.

B 君："Python 独立性検定" で検索してみると，scipy.stats.chi2_contingency を使うみたい

ですね.

A さん：scipy.stats.chi2_contingency" を調べると，SciPy のページがありました．Parameters:には下記のように書いてあります．

"The contingency table"（「分割表」）をリスト形式で指定するって，どうすればいいんですか？

---

observed : array_like

The contingency table. The table contains the observed frequencies (i.e. number of occurrences) in each category. In the two-dimensional case, the table is often described as an "R x C table".

correction : bool, optional　　略

lambda_ : float or str, optional.　　略

B 君：二次元の配列は，[[196,78],[107,211]] だから ⋯．

```
In[9]:  stats.chi2_contingency([[196,78],[107,211]])
Out[9]:
(83.03684722315033, 8.053804040087928e-20, 1,
array([[140.23986486, 133.76013514],
       [162.76013514, 155.23986486]]))
```

B 君：うまくいったけど，またまた，謎の数字が ⋯．

A さん：さっきのページの Returns:をみてみましょ．前から順番に chi2（カイ 2 乗値），p（p 値），dof（自由度），expected（期待値）の順のようですから，二つ目の数字が p 値ですね．この場合は関連性アリ．ですね．

16.2　相関係数

X 教授：回帰分析と相関係数は，覚えているかな．

B 君：もちろんです．

X 教授：二つのデータ間の類似性の指標の一つが相関係数だ．回帰分析には，説明変数と従属変数があって，単回帰分析と重回帰分析に分けられる．単回帰分析は重回帰分析の特別な形（説明変数が一つの場合）と考えれば，多変量解析に分類できる．

A さん：回帰分析は Excel で行うのが，簡単だったんですよね．

X 教授：その通りだが，いろいろな関数で回帰することを考えると，やはり，Python でもできるようになっているほうがいい．

A さん：そうですね．でも，直線で回帰する以外は，やったことはないですよ．

B 君：僕も，そうですが．

X 教授：でもまあやってみよう．C 直下の¥Pydata にデータが入っているとして，データを読

み込もう[5].

```
In[1]:import pandas as pd    #Pandas の読み込み
In[2]:data=pd.read_csv('C:\pydata\metabolome.csv') #ファイル読み込み
```

X 教授：data が読み込まれたが確認してみよう.

```
In[3]:data.head()
    Taste   glutamine   methionine   ...
0   59.9    2162.3      300.0        ...
1   38.2    1939.8      243.8        ...
2   55.6    2101.8      357.2        ...
3   59.9    2552.3      301.2        ...
4   52.2    2051.8      285.7        ...
```

A さん：まずは，データを散布図で確認してみます．taste と glutamine の比較がいいですかね.

```
In[4]:import matplotlib.pyplot as plt # pyplot をインポート
In[5]:plt.scatter(data['taste'], data['glutamine']) #散布図をプロット
```

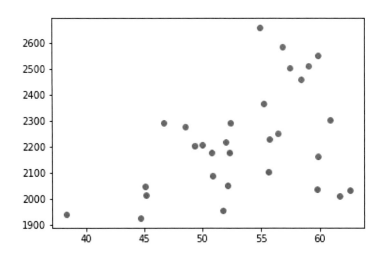

A さん：うーん．あまりきれいな関係ではないですね．次は，相関係数を求めてみましょう.

B 君：“Python 相関係数” で調べてみたら，NumPy に関数 numpy.corrcoef がありました.

5　　データファイルの metabolome.csv は生物工学会の HP からダウンロードした．30 種類の日本酒の官能試験値（taste）と 10 種類の代謝物のメタボローム分析結果のデータは大阪大学の福崎教授からご提供いただいた.

```
In[6]:import numpy as np   #NumPy の読み込み
In[7]:np.corrcoef(data['taste'], data['glutamine'])
Out[7]:
array([[1.  , 0.40942512],
       [0.40942512, 1.  ]])
```

B 君：また，謎の数字が，なにこれ？

A さん：0.40942512 が相関係数のようですね．

B 君：最後の出力が謎なの以外は，案外，簡単にできるんですね．

X 教授：どのプログラムを使っても，まあ，こんなもんだよ．

16.3　scikit-learn で単回帰分析

A さん：次は，単回帰分析のやり方を調べてみました．"python 単回帰分析" で検索すると，scikit-learn というモジュールを使っている例がたくさん出てきますね．

X 教授：scikit-learn というのは機械学習分野で用いる機能を集めたモジュールだね．最近の機械学習ブームで注目されている．あと，使い方も Python っぽいので順番に説明しよう．まずはモジュールを読み込もう．

```
In[1]:from sklearn.linear_model import LinearRegression
```

X 教授：次の呪文で，LinearRegression() というクラスのインスタンス lr を生成する．

```
In[2]:lr=LinearRegression()
```

A さん：ラミパスラミパスるるるる，との違いがわかりません．

X 教授：オブジェクト指向は C 君が詳しいんじゃないかな．ここではこういう使い方が Python っぽいってことだけ覚えておいて．で，この lr っていうインスタンスにいろいろ仕事をお願いしていく．まず，目的変数の taste と説明変数の glutamine を y と X という変数に代入しよう．

```
In[3]:y=data['taste']
In[4]:X = data[['glutamine']]
```

このとき，X だけ [[]] が二重になっている点に注意，1 重だと glutamine データを抜きだしたリスト．2 重だと glutamine データを抜きだした新たなデータフレームが作られる．最後に fit メソッドで回帰分析を行う．すると，lr.coef_，lr.intercept_ という属性ができてそこに係数と切片の値が収納される．アンダースコアは属性だ．ということを明示するためについているのだと思う．

131

```
In[5]:lr.fit(X,y) #回帰分析を実行
In[6]:lr.coef_#係数を表示
Out[6]:   array([0.01192606])
In[7]:lr.intercept_ #切片を表示
Out[7]:   27.008750955430767
```

単回帰分析の結果 [taste] = 0.0119 * [glutamine] + 27.0087 となった．決定係数を計算するには，

```
In[8]:lr.score(X,y) #決定係数を計算
Out[8]:   0.16762892498873228
```

で計算できる．

B 君：data[['glutamine']] という指定と，係数が配列で表示されるのがややこしいですね．なんでなんでしょう？

X 教授：次の重回帰分析でありがたみがわかると思う．

16.4　重回帰分析

X 教授：では，重回帰分析に進もうか．ためしに，glutamine と methionine の 2 変数でやってみよう．

```
In[9]:X = data[['glutamine', 'methionine']] #glutamine, methionine のデータフレーム
In[10]:X.head()#できたか確認
Out[10]:
    Glutamine   methionine
0     2162.3        300.0
1     1939.8        243.8
2     2101.8        357.2
3     2552.3        301.2
4     2051.8        285.7

In[11]:lr.fit(X,y) #回帰分析を実行
In[12]:lr.score(X,y) #決定係数を計算
Out[12]:   0.5746138651263601
```

A さん：決定係数がかなり向上しましたね．

X 教授：つぎは 10 変数全部で重回帰分析しよう．

```
In[13]:X=data.drop("taste", 1)
```

この命令は，taste 列以外を drop（落とした）データフレームを作る．最後の 1 は列方向という意味だ．

```
In[14]:lr.fit(X,y) #回帰分析を実行
In[15]:lr.score(X,y) #決定係数を計算
Out[15]:  0.8313844202072022
```

lr.predict(X) でこの回帰式で y を予測できる．X 軸を予測値，Y 軸を官能試験値として比較するには，

```
In[16]:pyplot.scatter(lr.predict(X),y)
```

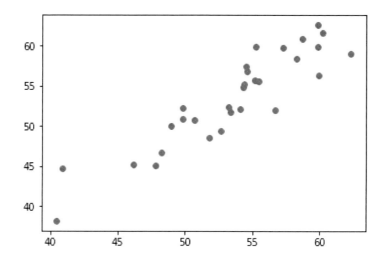

A さん：かなり合ってきましたね．あと，fit(), score() を使うのは単回帰分析，重回帰分析でも同じなんですね．重回帰分析をしたら，次は変数選択，でしたっけ？ たしか係数がゼロ．という帰無仮説検定の p 値を調べればいいんですが····.
B 君：いくら検索して調べても出てこないね··· あれ？
X 教授：（調べ物をして）··· なるほど··· ゴホン．scikit-learn の LinearRegression には p 値を調べる機能がないみたいだな．この例の目的は官能試験値をよく予測する回帰式を作ることなんだが，予測に寄与する説明変数を選んで，生物学的に解釈，という作業が機械学習分野ではあまりやらないのかもしれない．ちなみに StatsModels というモジュールを使うと R っぽい解析ができるから，やってみよう．

```
In[17]:import statsmodels.api as sm #StatModels のインポート
In[18]:  model=sm.OLS(y,X) #y, X はそのまま使う
In[19]:results=model.fit()#フィティング実行
In[20]:results.summary()#結果表示
```

B 君：これ R っぽいな（図 16.1）．昔に戻ったような気がします．P>|t| が p 値なのでこれが 0.05 より小さい glutamine, methionine, malate が採用できるのかな．

A さん：確かめてみましょう．

```
In[21]X = data[['glutamine', 'methionine', 'malate']] #glutamine, methionine, malate のデータフレーム
In[22]lr.fit(X,y)
In[23]lr.score(X,y)    #決定係数
Out[23]:  0.758102800533946
```

A さん：三つの代謝物だけで決定係数 0.75 の重回帰モデルができました．

```
                            OLS Regression Results
==============================================================================
Dep. Variable:                   taste   R-squared:                       0.998
Model:                             OLS   Adj. R-squared:                  0.997
Method:                  Least Squares   F-statistic:                     1003.
Date:                 Fri, 12 Apr 2019   Prob (F-statistic):           9.66e-25
Time:                         22:29:06   Log-Likelihood:                -68.830
No. Observations:                   30   AIC:                             157.7
Df Residuals:                       20   BIC:                             171.7
Df Model:                           10
Covariance Type:             nonrobust
==============================================================================
                 coef    std err          t      P>|t|      [0.025      0.975]
------------------------------------------------------------------------------
glutamine      0.0098      0.004      2.498      0.021       0.002       0.018
methionine     0.0796      0.026      3.061      0.006       0.025       0.134
alanine        0.0011      0.002      0.672      0.509      -0.002       0.005
tryptophan    -0.0412      0.031     -1.334      0.197      -0.106       0.023
lysine      9.821e-05      0.006      0.017      0.987      -0.012       0.012
leucic_acid    0.0644      0.033      1.934      0.067      -0.005       0.134
malate        -0.0139      0.003     -4.084      0.001      -0.021      -0.007
citrate        0.0025      0.003      0.728      0.475      -0.005       0.010
pyruvate      -0.0018      0.005     -0.380      0.708      -0.012       0.008
succinate      0.0003      0.002      0.160      0.874      -0.003       0.004
==============================================================================
Omnibus:                         1.219   Durbin-Watson:                   2.272
Prob(Omnibus):                   0.544   Jarque-Bera (JB):                0.914
Skew:                           -0.087   Prob(JB):                        0.633
Kurtosis:                        2.163   Cond. No.                        371.
==============================================================================
```

図 16.1　StatsModels による解析結果

16.5　ニューラルネットワーク

X 教授：では，scikit-learn で遊んでみよう．ここでは，細かい説明はともかく，作業の流れを見てほしい．日本酒のデータは数が少なすぎるので，アヤメのデータセット（Iris）を使う．3 種のアヤメの花びら，がくの幅と長さのデータが 50 個体ずつ，計 150 個体分ある．このテスト用データとして scikit-leran モジュールが用意してくれているから，それを使おう．

```
In[17]:from sklearn.datasets import load_iris #Iris を読み込むためのモジュール
In[18]irisd = load_iris() #Iris を irisd に読み込む．
```

X 教授：つぎにの花びら，がくの幅と長さのデータから，アヤメの種類を分類するニューラルネットワークを作ってみよう．まず，モデル作成用の訓練（training）データと，モデルの性

能テスト用のデータに分割する．scikit-learn にはデータ分割作業用の機能 train_test_split
がある．下記では irisd.data（説明変数），irisd.target（従属変数）をランダムに分割してく
れる．

```
In[19] from sklearn.model_selection import train_test_split
In[20]X_train, X_test, y_train, y_test = train_test_split(irisd.data, irisd.target,
test_size=0.3) #テスト：訓練＝ 3:7 に分割
```

X 教授：次に MLPClassifier というクラス分類用ニューラルネットワークを使う．

```
>>> from sklearn.neural_network import MLPClassifier
>>>clf=MLPClassifier(hidden_layer_sizes=(100,100,),solver="sgd",max_iter=10000) #隠れ層が 2
層のニューラルネットワークを生成
clf.fit(X_train, y_train) #訓練データでトレーニング
clf.score(X_test,y_test) #テストデータでテスト
Out[244]:  0.9777777777777777 #97 ％で一致．
```

A さん：わ！　重回帰分析とほぼ同じ手順で，fit(), score() を使ってできちゃうんですね．

X 教授：ニューラルネットワークといっても基本は，重回帰分析と同じだよ．hidden_layer
　　_sizes を変えて試してみると，勉強になる．次回はあたらしく「主成分分析」に進むことにし
　　よう．

A さん：楽しみです．

参考文献

[1]　谷合廣紀 著，辻 真吾 監修：Python で理解する統計解析の基礎，技術評論社 (2018).

第 17 章　主成分分析その 1，方法のおさらい

A さん：今度のセミナーで紹介する論文に主成分分析が出てきたんですけど‥‥．

B 君：オミクス解析の論文でも紹介するの？　遺伝子発現とか代謝物蓄積プロファイルが似たサンプル同士の分類に使われているよね．あと，ローディングなんとかで端っこに来た遺伝子や代謝物に注目したりするんだったっけ．こないだの学会発表にもでてきたよ．なんかスマートでかっこいいじゃん．

A さん：私もそれで，2 群 3 反復，総計 6 点の発現プロテオームデータの主成分分析を行ってみたんですよね．主成分プロットで 2 群が分かれたから 2 群のタンパク発現プロファイルには差があり，そのローディングプロットってやつで端っこに来た代謝物は，2 群で有意に差がある，という議論をして X 教授にこれでいいかメールで質問したらその後お返事もらえないんです．

C 君：先輩！　主成分分析って，グループに分類する手法でも，2 群間の優位差を調べる手法でもないんですよ．X 教授，今頃あきれてものが言えないんじゃないかと思います．

B 君：でもみんな主成分分析で，グループ化とかして発表してるじゃん．

A さん：じゃ，主成分分析って何をするためのものなの？

17.1　主成分分析＝次元圧縮

C 君：主成分分析は次元圧縮法の一つなんです．情報解析学演習で習いませんでしたっけ．

B 君：‥‥ 平成のころのことはあまり覚えてないなぁ‥‥．

A さん：たしか，データを要約するイメージって先生が言っていたっけ？

C 君：そうなんです．もしデータが 2 次元だったら簡単に図（散布図）にして傾向が議論できますよね．でも 3 次元になると途端に難しくなって，それ以上の多次元になると想像することすらできないじゃないですか．多次元のデータを要約するのが，次元圧縮法で，その手法の一つが主成分分析です．

B 君：でも，主成分，主成分得点（スコア），寄与率，ローディングとか難しい言葉がでてきていつもわかんなくなるんだよなぁ．情報解析学演習の先生は，わかっているような大先生も，実はよくわかってなかったりすることもあるから，心配するな，って言ってたっけ．

C 君：ちょうど僕も主成分分析の復習をしていたところなので，勉強しなおしてみましょうか？

A さん：じゃあ C 君を先生役でやってみよう．

17.2　データの準備

C 君：まず，フィッシャーのアヤメのデータを使いましょう．3 種のアヤメ (*Iris setosa, I. virginica, I. versicolor*) について，各 50 個体の花弁 (Petal) とがく (Sepal) の長さ (length) と幅 (width) を計測したもの．単位は cm です．4 次元で総計 150 個体のデータですね．"iris.csv" をダウンロード[6]して，いつも通り，C：直下の pydata に置いてあります．

6　近代科学社のサポートページからダウンロードできる．

```
In [67]:   import pandas as pd # pandas をインポート
In [67]:   iris = pd.read_csv("C:\pydata\iris.csv", sep=',')
```

で，データを iris というデータフレームに読み込みました.

```
In [67]:   iris.head()
```

で確認すると，1 列目が No, 2 列目が Sepal.Length で以下，Sepal.Width Petal.Length
Petal.Width Species と並んでいます．最後はアヤメの種のデータです.

B 君：4 次元しかないの？

A さん：それでも図に書けないんですよ.

C 君：そこで，説明用に花弁 (Petal) の長さと幅を 2 次元のデータを 1 次元に圧縮してみましょ
う．まずはここからですね.

A さん：花弁の長さと幅を散布図にプロットしてみましょうか.

```
In [67]:   from matplotlib import pyplot # pyplot のモジュールをインポート
In [67]:   pyplot.scatter(iris["Petal.Length"], iris["Petal.Width"])
In [67]:   import numpy as np    #NumPy の読み込み
In [67]:   np.corrcoef(iris["Petal.Length"], iris["Petal.Width"])
array([[1.    , 0.96286543],
       [0.96286543, 1.    ]])
```

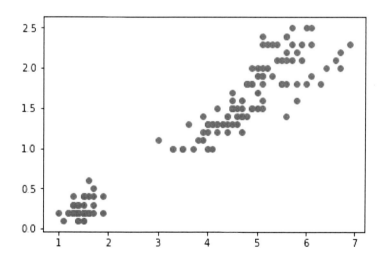

C 君：2 変数の間の相関は 0.962 ですね.

B 君：単に花弁の長さが大きいと幅も大きくなるってことなんじゃないの？

17.3　主成分，主成分得点（スコア）

C君：それが次元圧縮のきっかけになるんです．2 次元のデータを 1 次元に要約するというのは，データを説明するのに都合がいい新しい軸を一つ探す，ということです．主成分分析では，ばらつきがもっとも大きくなる軸を探します．たとえば，横軸方向の分散（ばらつき）がもっとも大きくなるようにグラフを回転しましょう．そしてその軸を第 1 主成分 (principle component) とよぶことにします．

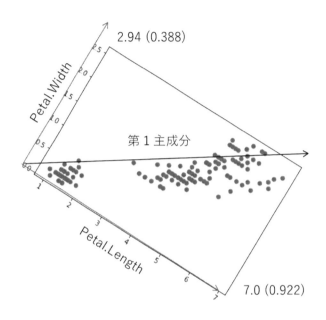

A さん：では，主成分分析（PCA）をやってみましょう．

```
In [67]:   from sklearn.decomposition import PCA#モジュール読み込み
In [67]:   data = iris[["Petal.Length","Petal.Width"]]# データの切り出し
In [67]:   pca = PCA(n_components=2)#主成分数は 2
In [67]:   pca.fit(data) #実行
In [67]:   print(pca.components_)#主成分の表示
 [[ 0.92177769 0.38771882]
  [-0.38771882 0.92177769]]
```

C君：1 行目の [0.92177769 0.38771882] が，第 1 主成分を，本来の軸の和として表現した固有ベクトルです．固有ベクトルの長さは 1 にするのがお作法ですね．

A さん：なんで固有ベクトルっていうの？

C君：ええっとですね．ばらつきがもっとも大きくなる軸を探す，という問題をラグランジュの未定乗数法を使って解くんですが，その過程で出てくる式が変数の分散共分散行列の固有値を求める問題になっているからなんです．固有値が分散そのものであり，最大固有値をもつ固有ベクトルを第 1 主成分としている，わけです．

B君：その，ラグラン何とかかは平成時代に聞いた気がする‥‥．それで講義に置いていかれた気

もする‥‥．

A さん：いろんなものに置いていかれたんですね‥‥．

C 君：ではでは，各データの座標を主成分に投影しましょう．図に書くと第一主成分に各点を張り付けるイメージです．これを第 1 主成分得点（スコア）といいます．こうやって 2 次元データを 1 次元に圧縮するのが主成分分析です．

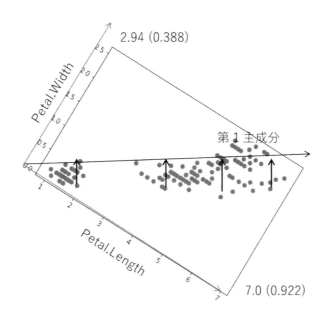

A さん：fit_transform() 関数で主成分得点が計算できるみたいです．

```
In [67]:  score = pca.fit_transform(data) #スコアの計算
```

17.4　主成分の解釈は文学的

B 君：で，この第 1 主成分得点の意味は何なの？ 1 次元だから第 1 主成分得点が大きいか小さいかしかないんだけど．

C 君：それにはですね第 1 主成分の固有ベクトルをみます．第 1 主成分得点は固有ベクトルを使って

第 1 主成分得点 = 0.922 * Petal.length + 0.388 * Petal.width

と計算します．このとき Petal.length が 1 cm 大きくなると，第 1 主成分は 0.922 増えます．Petal.width が 1 cm 大きくなると第 1 主成分は 0.388 増えます．つまり，長さ，幅が大きい花弁は第 1 主成分得点が大きくなる．といえます．さらにちょっと「文学的」に表現すると第 1 主成分得点とは「花弁の全体的な大きさ」の指標といえます．

B 君：でも，幅が 1 cm 長くなるより，長さが 1 cm 大きくなる方が，寄与が大きくなる，とい

うことは，第 1 主成分得点は花弁の幅よりも，長さの情報をより反映しているとも言えるんじゃない？

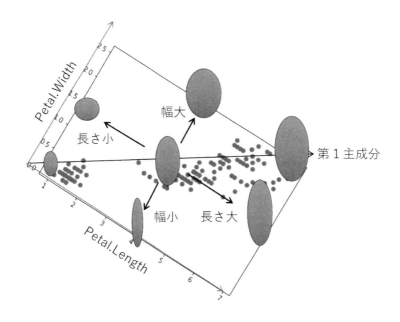

17.5　寄与率

A さん：確かに固有ベクトルから意味を読み取るとしたら，「花弁の大きさ」というのは妥当な気もするけど，すこし乱暴かも.

C 君：そこが，次元圧縮の難しいところみたいです. 圧縮する以上，元の情報の一部は失われちゃいますよね.

B 君：じゃあ，どのくらいの情報が失われたわけ？

A さん：確か寄与率か何かだっけ？

C 君：そうです. データ全体ばらつきのうち，その主成分で説明できる割合です.

```
In [67]:  #寄与率の表示
In [67]:  print(pca.explained_variance_ratio_ )
 [0.99025066 0.00974934]
```

第一主成分の寄与率が 0.9902，第二主成分の寄与率が 0.009 なので，全体のばらつきの 99 ％が第一主成分で説明できる，ってことです.

A さん：ということは，この，花弁の幅と長さというデータセットの特徴の一つとして，最初にB 先輩が行っていた「単に長さが大きいと幅も大きくなる」という関係がある，ということは言えるのかしら.

C 君：むしろ，このデータセットばらつきをほとんど説明できているわけですから，代表的な特徴，あるいは傾向である，と言えると思います.

B 君：そんなのわざわざ主成分分析をしなくたって，最初の相関係数を調べるだけでいい

じゃん.

A さん：でも，4 次元とか多次元のデータになると相関係数だけからはわかりにくいですよね. 主成分分析だとうまくデータの特徴が抽出できるかもしれないってことかな.

C 君：それから，もう一つ. 第 1 主成分得点が大きいサンプルは「花弁が幅も長さも大きい」傾向がある，ともいえます.

B 君：でも，さっき，第 1 主成分得点は花弁の幅よりも，長さの情報をより反映しているというのはどう考えたらいいの？

A さん：あ，でもそれは，花弁の長さのほうがばらつきが大きいからではないでしょうか？ 花弁の長さのデータは 1-7 cm の間でばらついていますが，花弁の幅は 0-2.5 cm の間です.

C 君：あ，その点もかなり重要です. あとで主成分負荷量のところで説明します.

C 君：続けて第 2 主成分です. 第 1 主成分と直交するベクトルの中でもっとも分散が大きくなるものを，第 2 主成分とします. 今回の例では 2 次元のデータなので，良い例ではありませんが，第 2 主成分の固有ベクトルは，[-0.38771882 0.92177769] です.

第 2 主成分得点＝-0.388 * Petal.length + 0.922 * Petal.width

となります. 第 2 主成分得点は花弁の長さが小さくなると大きくなり，花弁の幅が大きくなると大きくなります. つまり，第 2 主成分得点が大きいサンプルは，花弁の長さが小さく，幅が大きいということで，いわば「花弁の扁平さ」の指標であるといえます.

B 君：これまた文学的だね. でも第 2 主成分の寄与率って 1 ％もないんだろ.

A さん：ということは，今回の花弁の長さと幅のデータセットの特徴として，花弁の扁平さのばらつきはかなり小さい，重要なファクターではないと言えるわけね.

C 君：今回の例では元のデータが 2 次元なのでこれでおしまいですが，実際の n 次元のデータでは，次に第 1 主成分，第 2 主成分に直交するベクトルの中で分散がもっとも大きくなるものを，第 3 主成分とする，というような作業を第 n 主成分まで行っています（実際には分散共分散行列の固有ベクトルとしていっぺんに計算しています）.

17.6　主成分負荷量

C 君：ではいよいよ主成分負荷量です. ローディングとも言います. まず，これまでは元の実測データと主成分との関係をわかりやすくするため，正規化抜きで主成分分析を行いました. が，実際に解析する際には，正規化を行うのが普通です.

B 君：正規化ってなんだっけ？

A さん：データの平均をゼロ，分散が 1 になるように変換するんですよね. 今読んでいる論文では Z スコア化と呼んでいます.

B 君：でもさあ，このフィッシャーのアヤメのデータってどうみても花弁の長さも幅も正規分布には従っていないように見えるけど，そんな変換しちゃっていいの？

C 君：そこはずっと気になっていたのですが，主成分負荷量の値を評価するために，どうしても必要になるので，ここではスルーさせてください. 主成分負荷量とは固有ベクトルと標準偏差のベクトルの積として計算します.

A さん：計算してみましょ．

```
In [67]:  from scipy.stats import zscore #zscore をインポート
In [67]:  import numpy as np #numpy をインポート
In [67]:  data_nomalized=zscore(data)# データを標準化
In [67]:  pca.fit(data_nomalized)# PCA 再計算
In [67]:  print(pca.components_)# 主成分の固有ベクトル
 [[ 0.70710678 0.70710678]
  [-0.70710678 0.70710678]]
In [67]:  #主成分負荷量を計算
In [67]:  loadings = pca.components_*
np.c_[np.sqrt(pca.explained_variance_)]
In [67]:  print(loadings)
 [[ 0.99399171 0.99399171]
  [-0.13671831 0.13671831]]
```

C 君：一行目が第一主成分への Petal.Length と Petal.Width の主成分負荷量です．花弁の長さの主成分負荷量は 0.99 ですが，これは花弁の長さ（正規化済）と第一主成分得点との間の相関係数なんです．花弁の長さが大きくなるほど第一主成分得点が大きくなる正の相関がある，ということです．また，相関係数は-1 から 1 の間になり，1 に近いほど正に相関する，ので主成分負荷量が 0.99 ということは，すごく相関が強いと言えます．さらに，花弁の幅の主成分負荷量も 0.99 なので，花弁の長さも幅も第一主成分得点と同じくらい正に強く相関している，と言えます．つまり，主成分負荷量の比較から第一主成分得点には花弁の長さも幅も同じだけ反映している，と言えるわけです．

A さん：主成分負荷量が大きい変量ほど，主成分により大きく反映しているってことね．

B 君：確かに，これだけ 1 に近いとそうかなって納得するけど，正規分布に従っていないデータで，相関係数の大小でそんな議論しちゃっていいの？

C 君：時々ハマるのは，場合によっては第 1 主成分の固有ベクトルが [0.922 0.388] ではなく，[-0.922 -0.388] となることがあります．向きが逆になっただけなんですが，第 1 主成分得点が「花弁の全体的な小ささ」の指標になっちゃうんですね．

A さん：あと，標準化は注意が必要って X 教授がいっていたような．その辺は，また次回ってことで，晩御飯食べに行きましょ．

参考文献
[1]　大阪大学工学部「バイオ情報解析演習」講義資料

第 18 章　主成分分析その 2，結果を解釈する

A さん：じゃあ C 君がまだだけど，昨日の続きを始めましょっか．昨日はフィッシャーのアヤ
メのデータを使って主成分分析を復習しました［3 種のアヤメ (*Iris setosa*, *I. virginica*, *I. versicolor*) 各 50 個体の花弁 (Petal) とがく (Sepal) の長さ (length) と幅 (width) を計測した
もの．単位は cm．4 次元で総計 150 個体のデータ．"iris.csv" を生物工学会の HP からダウ
ンロードして，C：直下の pydata に置く］．このうち花弁の長さと幅のデータだけを使って，
主成分，主成分得点，寄与率，主成分負荷量などのおさらいをして ⋯．

B 君：晩御飯食べに行ったなぁ．おいしかった．

A さん：今日は，アヤメの全データを使って主成分分析をしてみましょう．

18.1　主成分分析の結果を解釈する

A さん：Python での作業は前回とほぼ，同じなのでまとめたスクリプトを作ってみました．先
輩，Spyder を使って打ち込んでみてください．前回と異なるのは，"iris" のデータフレーム
から，"data" を切り出すときに花弁とがくの長さと幅をすべて読み込んでいる点です．

```
import pandas # pandas をインポート
import numpy
from matplotlib import pyplot # pyplot をインポート
from sklearn.decomposition import PCA
from scipy.stats import zscore
#iris のデータ読み込み
iris = pandas.read_csv("C:\pydata\iris.csv", sep=',')
data = iris[["Petal.Length","Petal.Width","Sepal.Length","Sepal.Width"]]#データフレームで切
り出し
species = iris["Species"]#リストとして切り出し
data_nomalized=zscore(data)#正規化
pca = PCA(n_components=4)#主成分分析準備
pca.fit(data_nomalized) #主成分分析実行
print("Contributions")#寄与率の表示
print(pca.explained_variance_ratio_)
print("Loadings")#主成分負荷量の計算と表示
loadings = pca.components_*numpy.c_[numpy.sqrt(pca.explained_variance_)]
print(loadings)
score = pca.fit_transform(data) #主成分スコアの計算とグラフの表示
pyplot.scatter(score[:, 0], score[:, 1])
for i in range(len(species)):   #種名を書きだす
    pyplot.text(score[i, 0], score[i, 1], species[i])
```

A さん：このスクリプトを "pca1.py" という名前で C：直下の pydata に保存しましょう．

B 君：保存までできたよ．

A さん：次に Spyder のツールバーにある緑の矢印を推すと，pca1.py を実行することができま
す．うまくいくと主成分スコアプロットの結果が表示されるはずです（図 18.1）．

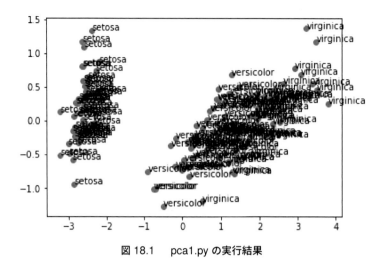

図 18.1　pca1.py の実行結果

```
In [15]:  runfile('C:/pydata/pca1.py', wdir='C:/ pydata ')
Contributions
 [0.72962445 0.22850762 0.03668922 0.00517871]
Loadings
 [[ 0.99487699 0.96821173 0.89315091 -0.46168423]
  [ 0.02349363 0.06421425 0.3620387 0.88567345]
  [ 0.05462939 0.24379667 -0.27658115 0.09393351]
  [ 0.11573621 -0.07561196 -0.037732 0.01783586]]
```

B 君：主成分スコアプロットの，種名の文字が重なり合って全然区別がつかないんだけど．

A さん：先輩の机の上みたいですね．でも Python は何でもできますから．あとで修正してみ
ましょう．

18.2　まずは寄与率

A さん：では，先輩，主成分分析の結果を解読するときに真っ先に注目すべき点は何でし
たっけ？

B 君：主成分スコアプロットでしょ．ぱっと見，第 1 主成分（横軸）の向きで大きく二つに分か
れているし．

A さん：先輩，まずは，寄与率ですよ．昨日の晩御飯の時にも C 君とそう話してましたよね．

```
Contributions
 [0.72962445 0.22850762 0.03668922 0.00517871]
```

が寄与率で，左から第 1，第 2 主成分の寄与率です．

B 君：第 1 主成分の寄与率が 73 ％，第 2 主成分の寄与率が 23 ％ということは，4 次元のデータ
全体のばらつきの 96 ％を第 2 主成分までで説明できているということ？

A さん：そうですね．まず 4 次元のデータを 2 次元にうまく圧縮できた，わけですから，次元圧

縮がうまくいったということになります．まずは累積寄与率を見て，次元圧縮がどのくらいうまくいったのかを確かめるのが大事ってことですね．

B 君：でもさあ，第 2 主成分までで累積寄与率 96 ％ はできすぎじゃないの？ こんなにうまくいった例は論文でも見たことないよ．もっと多次元の多変量データを解析していて，第 2 主成分までの累積寄与率が 30 ％ くらいになるのが，普通じゃないかな．

A さん：確かにそうですね．どう考えたらいいんでしょ．でも，たとえば測定誤差のようなランダムなばらつきは圧縮できないので，誤差を多く含む多変量データだと，その分第 1，第 2 主成分の寄与率が小さくなるんじゃないですか？

B 君：このアヤメのデータセットは，定規で花弁やがくの長さを測ったものだから，計測誤差は小さいかも．それでも 96 ％ はできすぎじゃない？

A さん：第 1 主成分の寄与率が 73 ％ だということは，このアヤメのデータセットのすべてのばらつきのうちの 73 ％ が，第 1 主成分として要約された特徴（固有ベクトル）のばらつきで説明できるってことですよね．

B 君：じゃあ，このアヤメのデータセットは，ばらつきを生む主な要因が一つだけあって，それに第 2 主成分を加えれば，ほとんど説明ができちゃうような結構単純なものだ，ということなのかな．

A さん：となると，データセットの中にばらつきを生む要因が複数あるような場合も，相対的に第 1，第 2 主成分の寄与率が小さくなりますね．第 2 主成分までの累積寄与率の大小だけでは，主成分分析の結果の良し悪しは決められないということですか．それから，たとえば第 3とか第 6 主成分に重要な知見が含まれている場合がある，なんてこともあるのかしら．

B 君：これまでそういう論文は，あまり見たことがないなぁ．大体，第 1，第 2 主成分の 2 次元の主成分スコアプロットか，第 3 主成分までの 3 次元の主成分スコアプロットを図示して，ほらほらサンプルが分類できたで，主成分分析どや！ という例が多いけど．

A さん：こないだ読んだ論文もそうでしたね．たしかに．うーんわかんなくなってきました．主成分分析ってそもそも何のためにするんでしたっけ？ C 君は次元圧縮法だって言ってたけど …．

B 君：そりゃあ，まずは，多変量データの特徴をパッと見た感じでつかみたいんだろ．多変量データのばらつきにもっとも寄与するベクトルが，第 1 主成分と第 2 主成分なんだったら，それを見たら，データの特性が一番つかみやすいからなんじゃないの？

A さん：まずは多変量データを解析するときに知りたいのは，そういう大まかなデータの特徴ですよね．それがわからないと細かいところをうまく探せない．

B 君：なにごともぱっと見が大事だって．

A さん：（無視）．主成分の寄与率を見るべしというのは，どういうことなんでしょう？ うーん．寄与率が大きいほど，その主成分が説明するばらつきが大きい，という意味ですよね．でも第1 主成分の寄与率がたとえば 15 ％ 程度だったとしても，そのデータのばらつきにもっとも大きく寄与するベクトルであることは変わらないので，第 1 主成分を無視する理由は特にないってことですかね．

B 君：だから主成分分析では，多変量データの特徴をパッとつかむために，まずは第 1，第 2 主成分のスコアプロットを示すんじゃない．全体に対する寄与がそれほど大きくなくても一番大

事な特徴なのには変わりがないし.

A さん：なるほどです. 研究発表で示すスコアプロットに必ず各主成分の寄与率を明記せよ. と指示されるのは, それがないと, 第 1, 第 2 主成分で全体のばらつきのどれくらいが説明できているのかわからないからなんですね. 主成分スコアプロットを見る前に, 第 1, 第 2 主成分の重要性を把握しなさいということなんですね.

B 君：でもさあ, 第 3 とか第 4 主成分に意味がないかといわれたらそれも違うんじゃない？　たとえば, 小学生の身長, 体重, 年齢, 足の速さとかのデータをたくさん集めて主成分分析をしたら, 第 1 主成分はまず間違いなく, 身長, 体重, 年齢を反映したベクトルになるはず. となると, もし成長度合い以外の個性のばらつきを議論したいなら, 第 2 主成分以降に着目することが重要なんじゃないの？

A さん：なるほど, まずは全体の傾向を調べたい, というときは, 第 1 第 2 主成分が大事になるけど, 主要なばらつきの傾向が最初からわかっていて, それとは無関係なばらつきを探したいなら, 第 3 とか第 4 主成分に注目することもあり得ますよね.

18.3　次は主成分スコアプロット

B 君：というわけで, 横軸と縦軸の重要性がわかったから, 次は主成分スコアプロットを見たいよね.

A さん：pca1.py の後半を書き換えましょう. スコアの計算以降を下記に変更してください. 今回は, "score" に代入した主成分スコアプロットのデータのうち, 1-50 行目が *I. setosa*, 50-100 行目が *I. versicolor* と並んでいることを利用しました. 各コマンドが何をしているのかは, 自分で検索して調べてみてください.

```
score = pca.fit_transform(data) #スコアの計算
fig = pyplot.figure()#図を用意する
ax = fig.add_subplot(1,1,1)#subplot 追加
#50 個ずつ setosa, versicolor, virginica の順
ax.scatter(score[0:50, 0], score[0:50, 1], c='red', label='setosa')
ax.scatter(score[50:100, 0], score[50:100, 1], c='blue', label='versicolor')
ax.scatter(score[100:150, 0], score[100:150, 1], c='green', label='virginica')

ax.set_title('PCA')
ax.set_xlabel('PC1 ')
ax.set_ylabel('PC2 ')
ax.legend(loc='upper left')
fig.show()
```

B 君：わかりやすくなったじゃん（図 18.2）. さっきも言ったけど, ぱっと見, 第 1 主成分の向きで大きく二つに分かれてるでしょ.

A さん：第 1 主成分の寄与率を確かめたあとだと, 納得できちゃいますね.

B 君：*I. setosa* の形態は他の 2 種にくらべて異なるといっていいはず. それから第 1 主成分の寄与率が 73 % もあるんだから, *I. setosa* の形態は他の 2 種に大きく異なる, といってもいいんじゃないの？

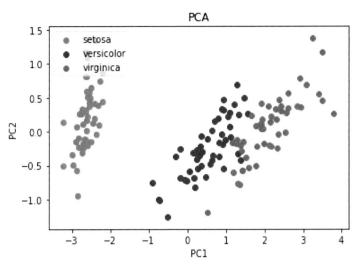

図 18.2　修正後の pca1.py の実行結果

A さん：じゃあ，残りの *I. versicolor* と *I. verginica* の形態はそれに比べると類似する傾向が
ある，とも言えそうですね．なんとなくデータ全体の特徴がつかめてきましたね．あと，*I. versicolor* に比べ *I. virginica* は第 1 主成分が大きく，第 2 主成分が小さくなる傾向がある，とも言えますかね．

B 君：第 2 主成分までの累積寄与率が 96 ％もあるので，主成分スコアプロットから言えそうなことはこれだけというのはまあ，納得できるんだけど，じゃあ第 3 主成分や第 4 主成分には何も情報はないのかな．

A さん：それじゃあ，確かめてみましょう．さっきのスクリプトをちょっと書き換えたらすぐできますよ．

B 君：ほんとだ，はっきりした傾向はなさそうだね（図 18.3）．二つ合わせて全体の 7 ％のばらつきしか反映していないし，測定の誤差と考えるといいと思います．

18.4　ようやくローディング

A さん：で，ようやく主成分負荷量（ローディング）の出番ですね．前回説明したように，正規化したデータセットで主成分分析をした時の第 1 主成分のローディングスコアとは，第 1 主成分スコアと元の変量（花弁の長さ，幅，がくの長さ，幅）との相関係数です．これを見ると，第 1 主成分がどのような特性を代表しているのかがわかるんでしたね（下記は見やすく整えてあります）．

```
Loadings
#花弁の長さ，幅，がくの長さ，幅との相関係数
 [[ 0.994  0.968  0.893 -0.461]  #第 1 主成分
  [ 0.023  0.064  0.362  0.885]  #第 2 主成分
  [ 0.054  0.243 -0.276  0.093]  #第 3 主成分
  [ 0.115 -0.075 -0.037  0.017]] #第 4 主成分
```

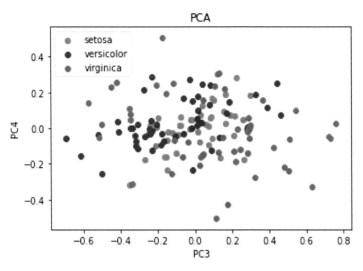

図 18.3　第 3，第 4 主成分のスコアプロット

B君：第 1 主成分は，がくの長さ，幅，花弁の長さとすごく強い正の相関がある．第 1 主成分は「花弁の長さ，幅，がくの長さ」を代表する軸であると言えるんじゃない．この辺は文学的，というか主観的になっちゃうんだけど．

Aさん：となると *I. setosa* のクラスターは第 1 主成分得点が小さいので，他の品種にくらべて花弁の長さ，幅，がくの長さが小さい傾向があるってことですね．さらにこのばらつきが全体の 76 % を説明するから，その傾向は他の傾向よりも大きい，となります．つぎに第 2 主成分は「がくの幅」を代表する軸である，と言えるわけですね．

B君：種内では，がくの幅に個体間でばらつきがある．あと，*I. virginica* は *I. versicolor* より，花弁の長さ，幅，がくの長さがやや大きく，さらに，がくの幅もやや大きい傾向がある，とも言えちゃうよね．

Aさん：でもそれ以上のことは，主成分分析からは言えないですよね．こないだ，2 群 3 反復，総計 6 点の発現プロテオームデータの主成分分析について X 教授に相談したお返事をいただけない理由もわかりました．そもそも 2 群のデータの次元を圧縮する必要がないし，寄与率を議論していない点もダメでした．ローディングプロットで端っこに来たタンパク質は，単に主成分との相関が高いだけなんだから，2 群で有意に発現量差がある，なんて議論はできるはずがないのか．わーん．恥ずかしいな．X 教授にメールでお詫びしよ．

B君：あと，主成分分析は多変量データの次元を圧縮して特徴を把握しやすくすることが目的だから，結果的に分類にも使えるけど，分類を目的とした方法ではないのかそもそも第 1，第 2 主成分までしか考慮していないし，新しいデータを追加して主成分分析をやり直したら，いろんなものがガラッと変わっちゃって，異なる結果になってしまうかもしれないからね．

Aさん：何事でもそういうことはよく起こりますよ．

C君：A さん，B 先輩，こんにちは．遅くなってすいません．昨日晩御飯の後，本屋さんで面白い本を見つけちゃって，読み始めたら止まらなくって，寝坊しちゃいました．すいません．もう主成分分析の復習，っておわりました？

第19章　偽反復

C君：A さん，B 先輩，「偽反復」って知ってます？
A さん：知らない．
B君：僕も．
C君：この間読んでいた本 [1] に出ていたんですよ．

19.1　偽反復とは

A さん：それで，偽反復ってどんなこと？
C君：その本には，次のような例がありました．まず，何を調べようとしているのかですが，「巣箱で育てられたアオガラのヒナは，自然の巣穴で育てられたヒナに比べて，外部寄生虫が多い」という仮説が正しいかどうかです．
B君：外部寄生虫って何？
C君：調べたら，寄生虫の中で，宿主の体表あるいは皮膚内に，一時的あるいは長期に寄生するものだそうです．
A さん：それで，どうやって調べた？
C君：10 個の巣箱から 42 羽のヒナをとってきて，外部寄生虫の数を調べて，自然の巣穴のヒナの外部寄生虫の数と比較しようとしているようでした．巣箱の方の話に重点が置かれていて，巣穴の話は出てこなかったんですが，多分，間違いないと思います．ここで，問題になっていたのが，一つの巣箱から 4 羽のヒナをとってきて調べた場合，四つのデータになるかどうかということです．
B君：個体が違うんだから，当然，四つのデータだよ．
A さん：私も，そう思うけど．ただ，話の流れから，4 個のデータにならないんだよね，きっと．
C君：さすが，A さん，鋭い．
A さん：どうして，4 個のデータにならないかの説明はあったの．
C君：ありました．ある巣箱で一緒に育てられたヒナの寄生虫の数の間には，強い相関関係がみられる可能性が高いとのことです．このように，本当に調べたい因子（ここでは巣箱か巣穴か）以外の因子の影響が出てくるためとのことでした．一見，4 回実験を繰り返した（反復した）ように見えて，そうではないことを「偽反復」というとのことです．
B君：納得できないな．
A さん：でも，この例って，私たちのような実験室で実験をする人間には関係ないし，偽反復は起こらないんじゃないですか．
C君：僕たちの分野でも，十分起こるようなんです．

19.2　生命科学での偽反復

　A さん，B 君，C 君の 3 人は，詳しいことが知りたくて，X 教授の部屋を訪れた．

X 教授：今日は，どんな話かな．
B君：偽反復です．どうも納得がいかなくて．

C 君：この本 [1] に出ていたんです.

X 教授：なるほど. まず, 偽反復を説明する前に, 独立ということを説明しよう. この本にも, 独立の説明があるだろう.

C 君：ありました.

X 教授：まず, 何故, 独立していることが重要かということだが, その理由の一つは, ほとんどの統計処理法が,「互いに独立していることを前提としている」ためだ. では, 二つの事象が「統計的に独立である」とは, どういうことかと言うと, 一方の結果が, もう一方の結果に影響を与えないということなんだ. つまり, 二つの結果の起こり方に関連性がないということだ. C 君が紹介した寄生虫の例でみると, 同じ巣箱にいた場合, あるヒナの寄生虫は, そのヒナにとどまらず, 他のヒナに移っていく可能性があるわけだ. そうすると, その巣箱のヒナの寄生虫数は, 個体ごとに「独立」とは, 言えなくなってくる. これと同じような例はたくさんある. この本にもあったが, 同じケージで飼ったマウスは, 独立しているとは言えない. たとえば, マウスに与える水に, 薬剤を加えて自由に摂取させて, その影響を見る場合, 一見, 個体間に関係性はないように思えるだろう.

B 君：そう思いますし, こういった方法はよく使います.

X 教授：ところが, よく考えてみると, 薬剤を与えたケージと, 与えていないケージで, 薬剤以外の条件がまったく同じにできるかどうかという点が問題になるんだ.

A さん：薬剤以外の条件は, 管理された飼育室に置かれているので同じじゃないんですか.

X 教授：本当に同じかというと, 実は, 同じではないんだ. 照明, 温度, 湿度などの物理条件も異なるし, マウスの体調などは, 同じケージの他のマウスに影響されることもあるだろう. 照明, 温度, 湿度などの物理条件はケージが置かれた場所に依存する. こういった効果を「空間効果」と言うんだが, 案外, 認識されていない.

B 君：何か, 納得できるような, できないような. 難しいですね.

C 君：言われてみれば, そうかもしれないという気もします.

X 教授：同じく空間効果に注意しないといけないのが, 君たちがよく使うプレートを使った分析などの例じゃないかな. この本 [1] では, マイクロプレートの例は, あまり詳しく触れられていないので, こちらの本 [2] を見るといい. まず, ある薬剤の効果を知るために, 培養細胞を使ったとしよう. 細胞は 24 穴のプレートで培養されるとする. よく行う実験法は, どんなものかな.

A さん：薬剤を添加して細胞を培養するプレートと, 添加しないプレートに分けて実験します (図 19.1).

B 君：プレートの半分に添加して, 残り半分に転嫁しない場合もある (図 19.2).

X 教授：まず, A さんの実験系だが, プレートが異なることや, インキュベーターの位置に依存する条件の違いが発生する. インキュベーターの中では, 温度分布や CO_2 の濃度分布が存在するので, 二つのプレートがまったく同じ条件ということは実現できない. また, B 君の言う実験系では, プレート内の位置の効果が生じる可能性がある. さっき言ったインキュベーター内のさまざまな要因の分布が, プレートの中央を境に, 左右対称である保証はないし, また, プレートの端と中央部でも条件が異なってくるので, 厳密にはプレート内の位置効果を排除できないんだ.

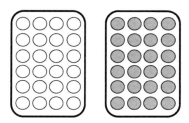

図 19.1　薬剤の添加効果 1
左：対象実験，右：薬剤添加

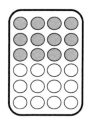

図 19.2　薬剤の添加効果 2
色のついた穴には薬剤が添加され，白い穴には，薬剤は添加されていない

このような空間効果を打ち消す方法としては，図 19.3 のように，薬剤が添加された穴の列と添加されていない穴の列が，交互に並ぶようにする．あるいは，ある程度，薬剤添加の穴の位置がランダムになるようにするなどの工夫が必要になる．

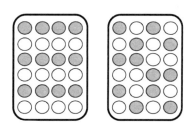

図 19.3　薬剤の添加効果 3
色のついた穴には薬剤が添加され，白い穴には，薬剤は添加されていない

C 君：こうなると，どの位置に添加したかの記録が大事になって，ウッカリすると，どの位置に添加したのかが分からなくなったりしませんか．

B 君：そんなことがないように，記録をとるんだよ．

A さん：B 先輩，以前，記録をとっていたのに，分からなくなって，失敗しましたよね．

B 君：言わなくていいよ．

X 教授：失敗の経験は，あればあるほどいいので，大事にしなさい．A さんが言ったようなプレートを分ける系を使うなら，何枚もプレートを用意して，置く位置をランダムにして，薬剤添加という因子以外は，平均すれば，ほぼ同じになるようにする方法もある．この場合は，1枚のプレートから一つを選び，測定して，そのプレートの値とするか，プレートの平均値を採

用するかになる．つまり，1 枚のプレートから得られるデータは一つになるということだ．

B 君：そんな〜．

X 教授：でも，偽反復のデータという指摘は受けなくなるぞ．生命科学で，再現性が低いという話を聞いたことがあるが，ここまで説明してきたような，偽反復も関係しているように思うが，どうかな．

C 君：はい，僕もそう思います．結局，偽反復が起こっていれば，4 個のデータと思っていたものが，実は一つのデータしか取れていないことになり，1 個同士で比較して，違っていたと言っていることになってしまいますから．

X 教授：まさに，その通りだね．実験デザインの不備があれば，偏ったデータしか取れておらず，さらに実験が必要な場合でも，それに気がつかないということになってしまうからね．
統計処理をしたといっても，十分なデータ数がなければ，結果は信用できない．何度も言うが，統計処理は，単なる計算法で，処理の結果は，単なる計算結果だからね．根本の，実験デザインに不備があれば，最新の統計処理法を使っても，得られる結果は「ゴミ箱行き」になってしまう．つまり，"Garbage in, garbage out" だし，もっと言えば，有名な統計学者であるフィッシャーが言うように，" To call in the statistician after the experiment is done may be no more than asking him to perform a post-mortem examination, he may be able to say what the experiment died of. " だな．
統計学を学ぶ意味は，もちろん，統計処理法を正しく理解するという目的がある．それ以上に，今回問題にしたような「独立」の理解や，「偽反復」になっていないかどうかの判断を，正しく行う力を身につけるという面もあるんだ．言い換えれば，データを，正しく見る力を養うということだ．

A さん：統計学が大事だということは分かっていましたが，今のお話で，一気にハードルも上がりましたね．

B 君：データが集まって，統計処理すればいいということ自体が間違いで，そもそもデータの集め方に問題がなかったかを，きちんと吟味することが大事だということですね．やっと，納得できました．

C 君：このような話は，今まで聞いたことがなかったので，大変，勉強になりました．

X 教授：実験デザインの基本的な教育をしている研究室が，どのくらいあるのかは分からないが，少しでいいから，増えていってくれるといいと思うんだが．

19.3　実験の検証方法

A さん：ねえねえ，昨日 X 教授が言ってた偽反復だけど，自分の実験に問題があるのかないのかどうすれば確認できるのかな？

C 君：培養の時のフラスコの並べ方，とか，酵素アッセイで反応開始の試料を添加する順番とか，植物を生育するときのポットの並べ方とか，HPLC や GC のオートサンプラーにサンプルを並べる順番とか，偽反復が起きそうな要因っていっぱいありますよね．

B 君：そうなんだよ，フラスコの並べ方を複雑にすると，サンプリングの時に間違えちゃうかも．

A さん：でも，偽反復が「起きてない」ってことを確かめさえすればそれでいいですよね．うーん．たとえばこうするのはどうでしょう？　昨日の「細胞を培養するプレート 2 枚」の例でも，

　2枚とも薬剤を添加しない予行演習の実験を行って，プレート2枚の間で結果に差が出ないことを確かめておけば，「問題ない」って言えませんかね．

C君：本番の実験と同じ条件でそれをやっておけば安心ですよね．あと，同じ実験を n=20 とかで行って，得られた数値データが正規分布になるか確かめる，というのもいいかもしれませんね．

B君：めんどくさいよ．なんでそんなことするの？

Aさん：そか，ランダムなばらつきは正規分布になるんだから，正規分布にならない場合は，なにかしら変な影響が起きているってことになるわけね．

C君：なので，可能な限りランダム化しつつ，予行演習の実験を行って，偽反復などが起きていないこと確かめておけば，安心，ですかね．

Aさん：実験は，いくらでも予行演習できるのがいいところですね．

19.4　まとめ

　本文の通り，最初の実験デザインに不備があれば，統計処理は，まったく意味のない，単なる計算結果になってしまうことを，ご理解いただけたと思う．

　では，どうすれば，うまく実験のデザインができるのかという疑問が出てくる．参考書 [1] には，仮説の重要性が述べられている．

　つまり，仮説を持たず，ただ，実験を行い，得られた結果を解釈しようとしても，多くの可能性があり，結局は，解釈ができなくなる．逆に，仮説（自分のストーリー）を持っていると，そのストーリーに合わせた形で解釈をしてしまい，他のストーリーを無視してしまうことも起こりうる．実験デザインでは，後者に陥らないように，考えられる限りのパターンを用意し，客観的に，自分の仮説の正しさを立証するようにしなければならない．

　参考書 [1] には「仮説と整合するデータをとっても，それが他の妥当な仮説とも整合するならば，仮説を裏付ける証拠としてはあまり役に立たない」とある．後者の戒めである．

　さらに，「効果的な実験のデザインに必要なのは，数学の計算ではなく，生物学的な考察である．最初に注意深く実験をデザインしておけば，データを解析するときになって大量の汗をかいたり涙を流したりしなくてすむ」「批判的に読んだり聞いたりしよう．アイデアは自分の胸にしまっておくのではなく，尊敬する人たちにぶつけてみよう．」とある．つまり，仮説を立てる際に，あらゆる可能性を考えて，批判的に仮説を検証することの重要性が述べられているわけである．そして，一人で考えていても，そこには限界があり，他人と議論することで，より強固な仮説となることが，教えられている．

　参考書 [1] では，本文の最後に，実験デザインを行うときに参考となるフローシートが示されている．ただし，この本は，主に，生態学分野のことを例としているため，このフローシートも生態学研究を前提としたものである．このフローシートの中で，仮説の設定に関する部分を，生物工学分野に当てはまるように直したものを次に示す．

　図 19.4 は最もシンプルな形になっており，各分野で加えることも多いと思う．過去の研究を批判的に見て，何がまだ，分かっていないのかを把握し，時には，その論文の欠点を見つけることになる場合もあると思うが，自分の研究のその分野での位置と意義を明確にすることが，仮説の設定の第一歩である．そして，仮説を検証する際に，さまざまな方向から見て，反論がなく成

り立つには，どのような検証が必要かを考える．このプロセスが，実験デザインに重要である．

　実験デザインは「自然科学の仕事」であり，決して，「統計学の仕事」ではないということを，十分理解していただければと願っている．

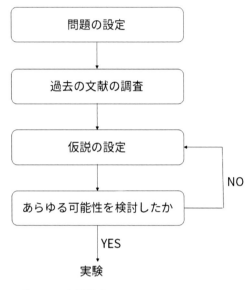

図 19.4　仮説設定のためのフローシート

参考文献

[1]　G. D. ラクストン，N. コルグレイヴ：生命科学の実験デザイン（第 5 章），名古屋大学出版会 (2019).

[2]　Lazic, S. E.:*Experimental Design for Laboratory Biologists*, pp. 84-91, Cambridge University Press(2016).

[3]　Iqbal,S.A.*et al.:PLoS Biol.*,14,e1002333 https://doi.org/10.1371/journal.pbio.1002333 (2016).

第 20 章　階層クラスター分析はちょっときまぐれ

C 君：あの，ちょっといいですか？

B 君：やあ．A さんは学会で留守だけど．

C 君：知ってます．

B 君：なんか聞きたいことでもあるの？　ちょうどこっちも C 君に聞きたいことがあるんだよね．前に（第 17 章，第 18 章）主成分分析を取り上げたじゃん．その後 A さん，主成分分析をえらく気に入って，研究進捗報告会とか，今行ってる学会でも主成分分析をバリバリ使った発表をしているんだわ．

C 君：A さんらしいですね．どんどん新しい研究ツールを活用してて．

B 君：でもさ，主成分分析ってちょっとわかりにくくない？　それで「階層クラスター分析」を今試していたところなんだよね．

C 君：階層クラスター分析も論文でよく見ますよね．オミクスデータの中の類似の挙動を示す遺伝子や代謝物をクラスターに分類したり，一目瞭然でわかりやすいですよね．A 先輩にも教えてあげたらいいんじゃないですか？

B 君：それでさ，もうなにがなんだかわかんなくなってきちゃった．

20.1　階層クラスター分析の基礎

C 君：え … そんなことになっているんですか？

B 君：授業ではこう習うわけ．たとえば，フィッシャーのアヤメのデータ［3 種のアヤメ (*Iris setosa*, *I. virginica*, *I. versicolor*) 各 50 個体の花弁 (Petal) とがく (Sepal) それぞれの長さ (length) と幅 (width) を計測したもの．単位は cm．4 次元で総計 150 個体のデータ"iris.csv"をダウンロードして，C：直下の pydata に置く］のうち，四つを取り出したのが図 20.1 とするよね．

	Sepal.Lentgh	Sepal.Width	Petal.Length	Petal.Width
a	5.1	3.5	1.4	0.2
b	4.9	3.0	1.4	0.2
c	7.0	3.2	4.7	1.4
d	6.3	3.3	6.0	2.5

図 20.1　アヤメのデータを抜粋した例

C 君：あ … ええ，次は距離関数が出てくるんですよね．たとえば，ユークリッド距離だと 2 点間の直線距離を調べるので a と b の間の距離 D は

$$D = \sqrt{(5.1 - 4.9)^2 + (3.5 - 3.0)^2 + (1.4 - 1.4)^2 + (0.2 - 0.2)^2}$$

$D = 0.54$ ですね．

B 君：全組合せで計算したのが距離行列だよね（図 20.1）．この中で一番距離 D が近い（小さい）ものは a-b なので，まず ab を一つにまとめる（図 20.2 の 1）．Complete 法では，まとめるときにクラスター間でもっとも離れたサンプル間の距離を採用する．つまり，(ab) と c の

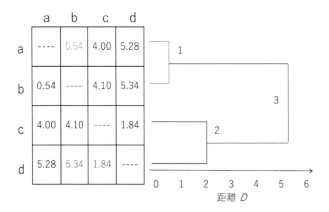

図 20.2　距離行列とデンドログラム

距離 D は，4.10（a と c との距離）と 4.0 のうちの 4.1 になる．でもこの場合，次に距離が近いc と d をまとめる．最後に（ab）と（cd）の間の距離 D は 5.34（b と d との距離）となる．

C 君：こうやってできたのがデンドログラムっていうんですよね．すごいシンプルでわかりやすいじゃないですか．

B 君：最初はそう思ったんだよ．できたデンドログラムもわかりやすいし，付き合いやすそうだなと．

C 君：違うんですか？

B 君：そうなんだよ．ちょっと Python で階層クラスター分析をやってみてよ．

20.2　Python で階層クラスター分析

C 君：… こんな感じですかね（リスト 1）．

リスト 1

```
import pandas, numpy # pandas numpy をインポート
from scipy.cluster import hierarchy # Scipy の階層化クラスタリングモジュールをインポート
from matplotlib import pyplot # pyplot のモジュールをインポート
#iris のデータ読み込み
iris = pandas.read_csv("iris.csv", sep=',')
data = iris.iloc[:, 1:5]#データの切り出し
species = iris.iloc[:, 5]#種データの切り出し
#階層化クラスタリングの実行
hct = hierarchy.linkage(data, metric = 'euclidean', method= 'complete')
hierarchy.dendrogram(hct, labels = list(species)) #デンドログラムを作成
result = numpy.ndarray.flatten(hierarchy.cut_tree(hct,3))
#pandas.crosstab で結果を集約
print(pandas.crosstab(species,result))
pyplot.show() #デンドログラムを表示
```

C 君："Python 階層クラスター分析" で検索して出てきた例をいくつか参考にしています．SciPy に階層クラスター分析が実装されています．scipy.cluster から hierarchy をインポー

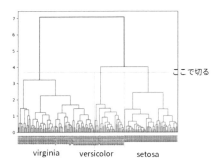

図 20.3　実行結果
metric = 'euclidean', method= 'complete'

トしているのがそれです．距離関数をユークリッド距離 (metric = 'euclidean')，結合方法を complete 法 (method= 'complete') にしました（図 20.3）．

B 君：デンドログラムの下のアヤメの種名が見にくいけどまあいいや．

C 君：図 20.3 に追記しておきました．スクリプトでは，hierarchy.cut_tree(hct,3) で三つのクラスターに分けて，numpy.ndarray.flatten でデータを成型して，pandas. crosstab(species,result) っていうので，集約した結果をコンソールに表示しました．

実行結果（コンソールに表示される）

```
col_0        0     1     2
Species
Setosa       50    0     0
Versicolor   0     23    27
Virginica    0     49    1
```

B 君：一番右のクラスター 0 には setosa が 50 個体，右から 2 番目のクラスター 1 は versicolor が 23 個体と virginica が 49 個体含まれている．さらに，クラスター 2 には，versicolor が 27 個体と virginica が 1 個体が分類されたってことになる．

C 君：以前やった主成分分析の結果ともよく合致しますよね．

20.3　距離関数と結合方法で結果が変わる

B 君：でも，「こうなるはず」という結果になったからそれでいい．なんて説明すると X 教授に怒られそうじゃん．それで距離関数と結合方法を変えてみても，結果が変わらないから，良い結果が得られたって言えるのかなと思って，調べてみたんだわ．

C 君：scipy.cluster.hierarchy.linkage で検索して SciPy のユーザーガイドのページを見つけました．なるほど結合方法には single, complete, average, weighted, centroid, median, ward の 7 種類が，距離関数は cityblock, correlation, euclidean など全部で 23 種ありますね[7]．

7　各方法の意味は SciPy のユーザーガイドを参照のこと．

B 君：それでさ，まず距離関数 euclidean（ユークリッド距離）に固定して，結合方法を single （まとめるときにクラスター間でもっとも近いサンプル間の距離を採用する），average（平均の距離），weighted（平均値にクラスターのサンプル数の重みづけを加える）に変更するとこんな結果になった（図 20.4-1,2,3）.

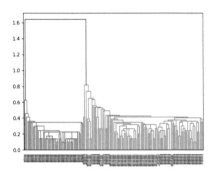

図 20.4-1　　metric = 'euclidean', method= 'single'

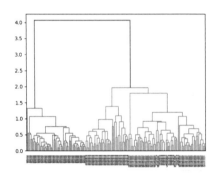

図 20.4-2　　metric = 'euclidean', method= 'average'

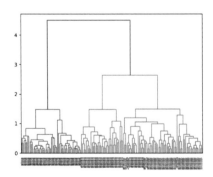

図 20.4-3　　metric = 'euclidean', method= 'weighted'

B 君：つぎは結合方法を complete に固定して，距離関数を変えてみてよ.

C 君：了解です．やはり見た感じがかわりますね．cityblock はマンハッタン距離とよばれるもので，correlation は相関係数を距離としたものですね（図 20.5-1, 2）．じゃあ，ちょっと調

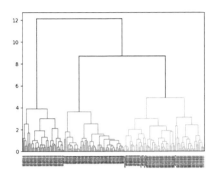

図 20.5-1　　　metric = 'cityblock', method= 'complete'

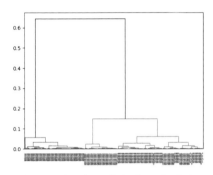

図 20.5-2　　　metric = 'correlation', method= 'complete'

べてみましょうか（スクリプトを作成している）.

B 君：お！ 全組合せを試してみるんだね. さすが C 君.

C 君：for 文を使えば簡単ですよ. あ, 出ました（図 20.6）. metric = 'cityblock', method= 'weighted' にした時が, 品種をもっとも反映したクラスターができてますね.

B 君：ということで, この距離関数と結合方法の組合せが万能なのかなと思って, ネットや参考書の実施例を調べたけど, そうでもないみたいなんだわ. 方法の違いで結果がころころ変わるんで, なんか気まぐれだな, どう取り扱ったらいいものやらって, 悩んでいたところに C 君がやってきたんだよね.

C 君：先輩. やっぱり気まぐれって困りますよね. 僕も相談したかったんです. X 教授のところに相談に行きましょう.

20.4　総合的に判断する

B 君：X 教授！ ——というわけなんですが, どのように考えるといいんでしょうか？

X 教授：今日はめずらしい二人組だね. ふむふむ. 階層クラスター分析の気まぐれにすっかり翻弄されたってわけだ. いろいろ振り回されて大変だね！ 青年諸君, "見た目を気にしない", "共通点を探す", "結論を急がない" のがコツだね. まず, デンドログラムのぱっと見た目を気にしすぎちゃだめだ. そもそも階層クラスター分析の目的ってなんだったっけ？

C 君：似たサンプルを集めてクラスターを作り, 分類するための手法です.

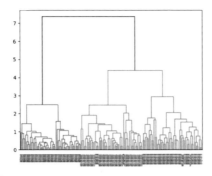

図 20.6　　　metric = 'cityblock',method='weighted'

X 教授：その通り，デンドログラムの分岐の右側と左側が，逆になっても分類結果は同じだ．だから横軸の並び方を気にせずよく見ると，どの方法でも setosa は独立したクラスターになっている．

C 君：ほんとだ．

X 教授：問題は versicolor と verginia のクラスターが，距離関数と結合方法によってばらつく点だよね．

B 君：前回行った主成分分析のスコアプロットでは，versicolor の 50 サンプルと verginia の 50 サンプルは一部重なり合うグループになっていましたっけ？

C 君：ということは，「分類する」目的からすると，そもそも versicolor と verginia を異なるクラスターに明確に分類できるわけではないってことですね．

X 教授：私の経験的には，距離関数はユークリッド距離，結合法は complete 法を基準に，いろんな方法を試してみて，総合的に判断して主張することを決めるしかないかなぁ．また，結果を示すときに距離関数と結合方法を必ず明記する，のは忘れないようにね．あと，くれぐれも「予想していた結果と合致する」という理由で手法を選ばないように．では，今回の結果の解釈はどうなると思う？

C 君：まず，setosa は独立したクラスターに分類できる．versicolor と verginia は明確なクラスターに分類できない，でしょうか．

X 教授：そのとおり．主成分分析と違って，階層クラスター分析結果からは，setosa と他のサンプルでは形態にどのような違いがあるのかは読み解くことができない．だから，クラスターを特定後，他の方法で setosa と他のクラスターを比較して違いを調べる必要があるね．

C 君：なるほど．つまり 1 番上の分岐には意味があるが，二つ目の分岐は再現性が乏しい，ということですね．では，どの分岐が信頼できるのか？ というのはどうやって決めればいいんでしょうか？

X 教授：これは結構むずかしい問題なんだ．似たような問題は分子系統樹の作成法でも起きたんだよ．

C 君：遺伝子配列の相同性から分子進化の系統樹を書く手法の一つですね．2 遺伝子の配列間の相同性を計算して，相同性が高いものからまとめて系統樹を作成する，という手法もまったく同じですね．

X 教授：実際，用いるデータや相同性（距離に相当）の定義，結合方法に依存して大きく異なる分子進化系統樹が得られることがある．そこで，分子進化系統樹の信頼性を評価するブートストラップ法が開発されている．

B 君：靴ひも法？　ですか？

X 教授：データの一部をランダムに選び（アライメント後の配列を復元抽出法でサンプリングし），系統樹を書くという作業を何度も繰り返す．ほとんどの試行で観察される分岐が信頼できる分岐になる．階層クラスター分析でこれを行うのはかなり上級レベルだね．要するにじっくり分析する相手を見て，結論を急ぎすぎないことが，大事なんだよ．頑張りたまえ青年！

第 21 章　微妙な時のしきい値が肝心

C 君：おはようございまーす．今日も頑張んなきゃ．

A さん：… それって友達よりは上でも，お付き合いしているってほどではないってとこかなって思うんです．どうしたらいいんですかね，私．

B 君：あ，C 君いいところに来たね．今，A さんの悩みごと聞いてるんだけど…．

A さん：ただの友達とお付き合いのしきい値って何で決まると思う？

C 君：… え…？　ええええええ？

B 君：いやあ，むずかしいよね，C 君．

C 君：僕，忘れ物したので帰ります … でわぁ．

B 君：あれ，C 君えらい動揺したみたいだけど，何かあったのかな？　それで，相談してきた部活の後輩には，なんてアドバイスしたの？

21.1　しきい値をどう設定するのか？

A さん：微妙な時期が大事だから丁寧に頑張れっていっておきました．

B 君：うまくいくといいねぇ．そういえば，今，データ解析に使っている相関係数も，微妙に相関があるときが厄介なんだよね…．

A さん：どういうことですか？

B 君：いま，20 条件で測定したメタボロームデータを使って，代謝物含量の増減パターンが似た代謝物のクラスターを抽出しようとしているんだよね．ロイシンとイソロイシン含量のピアソン相関係数は r > 0.683 となって，しきい値 0.65 より大きいので，相関有りとみなす，という作業をしてるんだ（図 21.1）．

リスト 1

```
import matplotlib.pyplot as plt
from scipy.stats import pearsonr,spearmanr #相関係数を計算するモジュールを Scipy からインポート
leu = [1.7,6.2,4.3,5.3,4.7,7.5,5.7,3.9,7.1,3.9,7.5,5.0,4.8,5.9,5.8,7.5,5.1,6.9,6.3,
7.3] #ロイシンのデータ
ile = [3.4,11.7,12.1,13.1,13.3,13.6,13.6,14.3,15.0,9.5,16.7,17.0,17.3,17.7,18.6,
19.1,19.2,21.2,21.5,21.9] #イソロイシンのデータ
r, pvalue = pearsonr(leu, ile) #ピアソン相関の計算
print("Pearson correlation r:", r)
r, pvalue = spearmanr(leu, ile) #スピアマン順位相関の計算
print("Spearman correlation r:", r,)
plt.scatter(leu, ile)
plt.show()
```

実行結果

```
Pearson correlation r:  0.683
Spearman correlation r:  0.529
```

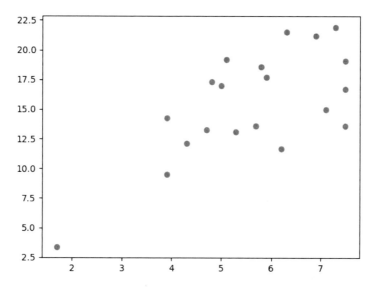

図 21.1　サンプル中のロイシン，イソロイシン含量の散布図
横軸：ロイシン，縦軸：イソロイシン

B 君：それをすべての代謝物の組合せで調べて，こういうような相関ネットワーク（図 21.2）を書こうとしているんだよ．

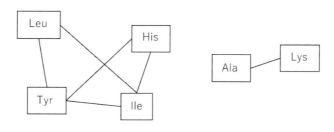

図 21.2. 相関ネットワークの例

A さん：クラスターがわかりやすくて，かっこいいですね．これのどこが問題なんですか？

B 君：相関の有無を判定するには，しきい値がいるだろ？　そのしきい値をいくつにしたらいいんだろ？　というのが問題なんだわ．論文では $|r| = 0.6, 0.65, 0.7$ くらいが用いられているんだけどね．これってどういうふうに決まってるのかって知っている？

A さん：知りません，でも確か相関係数の検定法ってありませんでしたっけ？

B 君：それはサンプル（データ）が正規分布に従う時だよね．でも今回はぜんぜん正規分布には見えないんだよね（図 21.1）．

A さん：ほんとだ．外れ値みたいなのもありますね．

B 君：それで，外れ値の影響を受けにくい方法としてスピアマンの順位相関も試してみてるんだけど，$r = 0.529$ になっちゃったんだよね．やっぱり，しきい値をどう設定したらいいのかわからないんだよなぁ．

A さん：たしかに．これは X 教授に聞きにいきましょうか．

21.2　相関係数の 95 ％ 信頼区間を推定する

A さん・B 君：X 教授．こんにちは．——というわけなんですが，どうするといいでしょうか？

X 教授：ふむふむ．しきい値はいつもむずかしいなぁ．まずは，母数とサンプルの関係を復習しておこう．平均の場合，データ（標本集団）から計算した平均値 μ（標本平均）が，母集団の平均（母平均）の推定値だ，っていうのはいいよね．それから，母集団が正規分布に従い，サンプル数が十分多い場合，標本標準偏差 σ を計算すれば，母平均の 95 ％ 信頼区間はおおよそ 95μ-1.96σ～μ+1.96σ となる．

A さん：統計の講義の最初のほうで習いましたね．

X 教授：同じように，データ（標本集団）から計算した標本相関係数 r にも 95 ％ 信頼区間が存在する．もし，その 95 ％ 信頼区間にゼロが含まれていなかったら，母相関係数はゼロじゃない可能性が高い．つまり相関があるといえる．

B 君：でも，正規分布が仮定できないときって，どうやって 95 ％ 信頼区間を推定すればいいんでしょうか？

X 教授：データだけから 95 ％ 信頼区間を推定する方法があるんだ．今回はブートストラップ法を勉強してみよう．

A さん：前回の階層クラスター分析でも出てきましてよね．

X 教授：たとえば B 君のデータは，20 組のロイシンとイソロイシンの含量のデータがある．これを使ってみよう．

① 20 組からランダムに一つ選ぶ．その後，選んだ組を戻してまた一つ選ぶ．この復元抽出を 20 回繰り返す．

② 作成したデータで相関係数を計算する．

③ ① と ② を可能な限り大量に，たとえば 1 万回とか繰り返す．

④ 1 万個の相関係数を小さい順に並べる（ソート）．

⑤ 次に計算したこの数列の 2.5 と 97.5 パーセンタイル点（前から 2.5 ％ と 97.5 ％ 番目の点，251 番目と 9750 番目の点）の値が，95 ％ 信頼区間の下限と上限の推定値となる．ブートストラップ用のモジュール sklearn.utils.resample を使ってやってみよう．

リスト 2　ブートストラップ

```
from sklearn.utils import resample   #ブートストラップ用のモジュール
from scipy.stats import pearsonr,spearmanr
leu = [1.7,6.2,省略 6.3,7.3]
ile = [3.4,11.7,省略 21.5,21.9]
data = []
for i in range(10000):
    tleu, tile = resample(leu, ile,n_samples = 20) #leu, ile から 20 回復元抽出したリストを作成
    r, pvalue = spearmanr(tleu, tile)
    data.append(r)
```

```
data.sort()   #データをソート
print(data[251],data[9750]) #95 % 信頼区間の下限と上限を表示
```

実行結果（毎回微妙に異なるが類似の値になる）

```
0.208 0.824
```

A さん：なんか騙されたみたいな気もしますね．ヨーロッパの古い民話で，ほら吹き男爵が，追っ手から逃れるべく，自分の “革靴のひも”（＝ブーツのストラップ）を引っ張って空中に飛び上がったという逸話があるそうです．手元のデータから統計量の推定を行うので，ブートストラップ法という名前がついたみたいですね．

B 君：これで，正確に推定可能なんですか？

X 教授：実用的には十分といわれている．でも，ものすごく正確な推定とは言えないため，⑤ の手順を改良したさまざまな手法が提案されている [1].

A さん：95 % 信頼区間の下限は 0.208 となっていて，95 % 信頼区間の上限と下限の間にゼロがないですね．これも相関がある根拠の一つになりますね．

B 君：でも，今回の解析は，100 種くらいの代謝物について総当たりで相関係数を計算するんです．そうすると，数千通りの組合せでブートストラップ法を行うと，ものすごく時間がかかってしまうことになりますよね．

21.3　ヌル分布を推定する

X 教授：なので，次はヌル分布について考えてみよう．

B 君：ヌル分布ってなんでしたっけ？

A さん：まったく相関のないデータ間でも，計算すれば何かしら相関係数が出ますよね．この偶然に得られる相関係数を無限個集めたものがヌル分布ってことでよかったですかね？

X 教授：そうだね．ヌル分布は検定の基礎になっているんだったよね．ヌル分布を推定してみようか．

① 20 組のロイシンとイソロイシンの含量のデータのうちイソロイシンだけランダムに順番を入れ替える．
② 作成したデータで相関係数を計算する
③ ① と ② を可能な限り大量に，たとえば 1 万回とか繰り返す．
④ 1 万個の相関係数を小さい順に並べる（ソート）．
⑤ この数列の 2.5 と 97.5 パーセンタイル点の値が，ヌル分布の 95 % 信頼区間の下限と上限の推定値となる．
⑥ もし，実測した相関係数がこの 95 % 信頼区間の外側にあれば，有意水準 α が 0.05 で相関があるといえる．

A さん：ブートストラップ法と似た方法で無相関なデータをいくつも作って，ヌル分布を作るん

ですか.

リスト 3　ヌル分布の推定

```
from sklearn.utils import resample
from scipy.stats import pearsonr,spearmanr
leu = [1.7,6.2, 省略 6.3,7.3]
ile = [3.4,11.7, 省略 21.5,21.9]
data = []
for i in range(10000):
    tile = resample(ile,replace = False)# replace = False とすると，復元なしの抽出（ランダムな並
べ替え）になる.
    r, pvalue = pearsonr(leu, tile)
    data.append(r)
data.sort()
print(data[250],data[9750])
```

実行結果（毎回微妙に異なるが類似の値になる）

```
-0.424 0.463
```

B 君：お，出てきましたね，このヌル分布の 95 ％信頼区間の推定値が，しきい値の一つの目安.
ということですか？ でもこの方法でも代謝物の組合せごとにヌル分布を作り直さないといけ
ないですね.

X 教授：ここでスピアマンの順位相関の出番だ.

A さん：なるほど. そういうことですか. スピアマンの順位相関は順位に変換したデータを用い
るわけですから，どの代謝物の組合せでもヌル分布は同じ，になるはずですね.

X 教授：そのとおり. つまりヌル分布の 95 ％信頼区間の下限，上限値はサンプルサイズごとに，
事前に計算しできる. 有意水準 α が 0.05 で n ＝ 20 の時の上限は 0.446 みたいだね（表 21.1）.

表 21.1　スピアマンの順位相関のヌル分布の 95 ％信頼区間の上限値（100 万回の試行結果）

	95 ％信頼区間の上限値				
n	α 0.05	α 0.02	α 0.01	α 0.005	α 0.002
10	0.636	0.733	0.781	0.818	0.866
15	0.517	0.603	0.657	0.696	0.746
20	0.446	0.52	0.566	0.609	0.657
30	0.362	0.425	0.468	0.503	0.548
100	0.196	0.232	0.468	0.279	0.307

B 君：じゃ，この値より大きければ，相関関係ありとみなせるってことですか？ 僕のデータを
計算してみると，100 代謝物の総当たりでスピアマンの順位相関の相関係数をしらべると全体
で 650 個の組合せに有意差ありってことで，一件落着ですね.

X 教授：いや，そうはいかないんだ．あくまでも 95 ％信頼区間の上限と下限値ってことは，無相関のデータでも 5 ％の確率で，有意差ありって出てしまうことになる．

A さん：偽陽性でしたっけ？

B 君：そんなの誤差みたいなもんじゃないの？ 100 化合物の組合せだと 100 *101/ 2 * 0.05 =252.5．あちゃー．250 個くらいは，偽陽性が得られると期待されるってことですね．ということは，有意差ありと判定したグループのうち，253/650 = 38.9 ％くらいは偽陽性と推定できるだってことですね．

X 教授：今計算した値が偽陽性率 False discovery rate（FDR）というものだ．この FDR をきちんと把握できていないと，えらいめにあうよ．

B 君：まぼろしの相関関係が 4 割も含まれている結果でなにか議論したら，それこそまぼろしの誤った結論を到達するかもしれないですね．いい夢見させてもらったよって，涙目になりかねない．

X 教授：サンプル数と有意水準ごとに，スピアマンの順位相関のヌル分布の 95 ％信頼区間の上限値を計算したのが表 21.1 だ．

21.4　サンプルサイズが小さいとややこしい

X 教授：この表を使って考える．まず，見つけたい相関のレベルを決める．たとえば，生物工学分野だと分子と分子の相互作用などを反映した直接的な関係をみつけたいので，$|r| > 0.6$ くらいの相関を見つけたくなる．

A さん：経済学だと，いろいろな要因が入り込むことが事前にわかっているので，$|r| > 0.4$ くらいの相関を見つけることもあるみたいですね．

X 教授：でだ．まず，議論したい相関のレベルを決める．次にそれを可能にするサンプルサイズを決める．もし，$|r| > 0.4$ くらいの相関を見つけたいなら，サンプルサイズは 10 とか 20 とかではダメだろ？

B 君：表 21.1 を見ると，最低でも 30 くらいは必要ですね．もし $|r| > 0.6$ の相関を考えるなら n = 10 では全然ダメで，n = 15 くらいでしょうか？

X 教授：なので，$|r| > 0.6$ くらいの相関を議論するための最低サンプル数は n = 15 といわれる．まず n = 15 できれば n = 20 のデータを集めよう．B 君のデータは合格だ．

B 君：よかった‥‥．

X 教授：ロイシンとイソロイシン間の相関一つだけを考えるときはこういう理路になる．B 君のデータは，n = 20 で標本相関係数 r = 0.529 だよね．標本相関係数が 0.446（有意水準 α が 0.05，n = 20 の時の上限値）より大きい．なので，相関係数はゼロである．という帰無仮説は有意水準 α が 0.05 で棄却できる．ロイシンとイソロイシン間に統計的に優位な正の相関があるとは言える．次に前に説明した方法で，標本相関係数から母相関係数の 95 ％信頼区間を推定すると，0.108〜0.814 になる．

B 君：ものすごく 95 ％信頼区間の幅が広いですね．しきい値の $|r| > 0.6$ からすごくはみ出てる．

X 教授：つまり，分子メカニズムから期待される $|r| > 0.6$ の相関が確実にあるのかどうかは判断できない．

A さん：なるほど．となると結果の解釈は，「ロイシンとイソロイシン間には有意水準 α が 0.05 で統計的に有意な正の相関があると言える．しかし，分子メカニズムから期待される $|r| > 0.6$ の相関の有無については今回のデータからは判断できない．データ数を増やした再解析や，他の実験での検証が求められる」っていう感じですか？

X 教授：次に，100 個の代謝物の相関ネットワークを作るとする．n = 20 のデータなので，有意水準 α を 0.005 に設定し，表 21.1 の閾値である $|r| > 0.609$ となった相関を選ぶと，その時の偽陽性の期待値は，100*101/2 *0.02 = 25 個程度になる．

A さん：しきい値 $|r| > 0.657$（有意水準 α 0.002 に相当）に設定すると，偽陽性の期待値は 10 個まで減りますね．

B 君：100 代謝物の総当たりでスピアマンの順位相関の相関係数をしらべると（計算している），$|r| > 0.609$，$|r| > 0.657$ となった組合せは，それぞれ 150 と 100 個になりました．偽陽性率はそれぞれおよそ 17 % と 10 % ですね．

A さん：この場合，$|r| = 0.65$ にしきい値を設定すると偽陽性率 10 % の相関ネットワークを作ることができる．ということですね．

X 教授：あと，サンプルサイズが小さいときに注意してほしいのは，しきい値を $|r| = 0.65$ にする主な目的は，偽陽性の数をコントロールするためであって，母相関係数が $|r| > 0.65$ となる相関を抽出するためじゃないということだ．上でふれたように，標本相関係数が $|r| > 0.65$ であっても，母相関係数が $|r| > 0.65$ になるとは限らないからね，

A さん：なるほど，相関係数のしきい値を $|r| = 0.65$ に設定しました，っていわれると，母相関係数が $|r| > 0.65$ の組合せを抽出したと見なしてしまいそうですが，サンプルサイズが小さいときは，気をつけなきゃいけないということですね．

B 君：でも，しきい値を厳しくしすぎると，逆に「本当は相関があるのに誤って相関がない（偽陰性）」と判定してしまう場合も増えませんか？

X 教授：もちろんその通りだ．今回の場合，かなり多数の偽陰性が出ていると思う．なので，FDR を確認し，許容できるレベルにできるもっとも甘いしきい値が一番妥当じゃないかな．表 21.1 を見るとサンプルサイズが n = 20 のときにしきい値を $|r| = 0.65$ に設定すると有意水準 α を 0.002 にできるよね．$|r| = 0.65$ 程度のしきい値がよく採用されるのは，多くの場合，このあたりがちょうどよい妥協点になるからだと思うよ．

21.5　サンプルサイズが大きいときは本来の意味で

A さん：教授，網羅的な遺伝子発現データで，サンプルサイズが 100 や 1000 を超えるような場合でも，しきい値として $|r| = 0.6$ くらいが使われているようなのですが．

B 君：さっきの議論だと，サンプルサイズが 100 だったら，しきい値は $|r| = 0.3$ くらいが妥当，となりませんかね？

X 教授：サンプルサイズが 100 や 1000 を超えてくると，標本相関係数がほぼ母相関係数に等しくなるはずなんだ．95 % 信頼区間も非常に狭くなる．それから，しきい値を $|r| = 0.6$ に設定したら，誤って偽陽性になる可能性もほぼゼロになる．

A さん：ということは，サンプルサイズが大きい場合のしきい値は，本来の意味で設定されているということですね．同じメカニズムで発現が制御される 2 遺伝子の mRNA 量は $|r| > 0.6$

くらいの相関を示すはずだ．という仮説が反映されている，のかな．

B 君：たしかに，$r = 0.3$ くらいの相関が統計的に有意だといっても，生物学的にどういう意味があるのか？　というのは議論したい生命現象によりけりですね．やはり $|r| > 0.6$ くらいないとねぇ．

A さん：しきい値，奥が深いですね‥‥．

X 教授：微妙なところなので，丁寧にがんばるしかないね．けど，なんだかんだ言って，どんな場合でも，しきい値を $|r| = 0.6～0.7$ に設定するのがよさそうだっていうのは，ちょっとおもしろいね．これ以外のしきい値を設定するのはよほどの理由がいるよね．

21.6　データベース検索

B 君：しきい値はデータベース検索にもでてきますね．たとえば，DNA やアミノ酸配列の相同性検索を行うときや，プロテオミクスで MS/MS スペクトルデータでペプチド同定するときにもしきい値を設定します

A さん：最近勉強したんです．まかせてください．BLAST アルゴリズムでは，二つの配列の相同性スコアの計算法が決まっています．それから，ランダムな配列同士が偶然示す相同性スコアのヌル分布が，数式で記述されています．なので，二つの配列の相同性スコアから，「2 配列間に相関はない」という帰無仮説の p 値も計算できる．という仕組みです．

X 教授：となると，1000 件と 100 万件の配列データがあるデータベースを検索したとき，偽陽性ヒットが一つ出ると期待できる p 値はそれぞれ 10^{-3} と 10^{-6} となる．このように BLAST 検索でも大規模なデータベースを検索するときはしきい値を厳しくする必要がある．

B 君：プロテオミクスのペプチド同定には，ターゲット・デコイ法がどうのこうのって聞いたような．

X 教授：MS/MS スペクトルデータを用いたペプチド同定でも，類似性スコアを計算する．でも類似性スコアのヌル分布を推定するいい方法がない．そこで，ある生物の全タンパクから作成したデータベース（ターゲット）と，全タンパクの配列を逆向きにした偽物のタンパクから作成したデータベース（デコイ）を用意する．あとはたとえば 10000 個の MS/MS スペクトルでターゲットとデコイのデータベースそれぞれでペプチド同定を行い，ターゲットで 1000 個，デコイで 50 個同定できたら偽陽性率は $50/1000 = 5$ ％と考える，という考え方になる．

A さん：いずれにせよ，しきい値を決めるには，微妙なところなので，丁寧にがんばるしかない，ってことですね．わたしも頑張んなきゃ．

参考文献

[1]　Derek, A. Roff 著，野間口 眞太郎 訳：生物学のための計算統計学—最尤法，ブートストラップ，無作為化法—，共立出版 (2011).

第 22 章　深層学習，すぐできます

A さん：深層学習っていうのが，最近めっちゃ盛り上がってますよね．AI 囲碁ソフトが人間に勝ったとか，医療画像の診断ができるとか，そのうち人間を AI が追い抜くシンギュラリティーがおきるとか‥‥．

B 君：確かに，ちょっと流行りすぎかなとは思うけど，すごい技術だよね．前（第 16 章）にもちょっとやってみたけど，深層学習って Python だとすぐできるんだよね．

22.1　チャレンジ深層学習！

B 君：こないだ，J 研究科の M 先生に，深層学習を勉強するのに便利なデータセットを質問しに行ったら，シンプルなデータセットがあんまりないんだわ，ってぶつぶつ言ってた．

A さん：じゃあどうするんですか？

B 君：訓練用のデータもその場で作ってしまえってアドバイスをいただいた．たとえば，サイン関数と同じことができる（入力 x: 0〜4 の実数，出力 y: sin(xπ)），ニューラルネットワークを機械学習で作ってみよう．

リスト 1

```
import numpy,math,random
from sklearn.model_selection import train_test_split
from sklearn.neural_network import MLPRegressor
import matplotlib.pyplot as plt
data = []
target =[]
size = 1000
#データ準備
for i in range(size):
    x = random.random() *4#入力値をランダム生成
    y = math.sin(x* math.pi) #出力値を作成
    data.append([x]) #data に追加
    target.append(y) #target に追加
#テストデータと訓練データを 7:3 に分割
X_train, X_test, y_train, y_test = train_test_split(data, target, test_size=0.3)
#ニューラルネット作成
reg = MLPRegressor(hidden_layer_sizes=(10,10,10,10,),max_iter=10000) #ニューロンが 10 個の隠れ
層が 4 層のニューラルネットワークを生成
reg.fit(X_train, y_train) #訓練データでトレーニング
#テストデータでテスト（相関係数で評価）
print(reg.score(X_test,y_test))
#グラフに表示
plt.scatter([x[0] for x in X_test], reg.predict(X_test))
plt.show()
```

A さん：まず，必要なモジュールをインポートした後，データを生成していますね．0〜4 の範囲でランダムに x を生成してサイン関数で y に変換した 1000 個（size = 1000）のデータセットを作成しています．

B 君：次に sklearn モジュールの model_selection.train_test_split という機能でデータを訓練用とテスト用に 7:3 に分割してるんだな．それから，sklearn.neural_network. MLPRegressor という機能を使って，ニューラルネットワークを作成している．hidden_layer_sizes=(10,10,10,10,) というのは，10 個のニューロンからなる隠れ層が四つあるという意味だ．このニューロンと隠れ層が多いほど複雑なことができる．詳しい仕組みは自分で調べてね．

A さん：多階層のニューラルネットワークを効率よく学習させるいい方法が見つかって，深層学習ブームが始まったんですよね．

B 君：という理由で今回は隠れ層を 4 層にしてみた．次の，reg.fit(X_train, y_train) で訓練データで機械学習を行っている．その次の print(reg.score(X_test,y_test)) では，テストデータで性能を評価している．予測値と実際の値の相関係数が出力される．

A さん：データ作成以降はたった 3 行しかないですね．とりあえず，実行してみた結果がこれです（図 22.1）．結果は実行するたびに微妙に異なります．

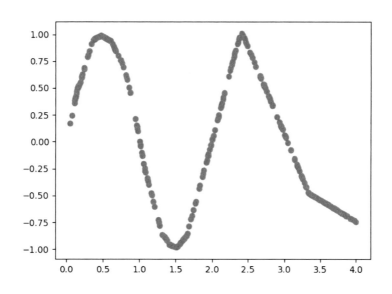

図 22.1　テストデータの予測結果
size = 1000, hidden_layer_sizes=(10,10,10,10,)

B 君：なんか，がたがただなぁ．いまいちなのでデータサイズを size = 100000 にしてみよう（図 22.2）．

A さん：だいぶましになりましたね．次に隠れ層のニューロンの数を 20 にしてみました（図 22.3）．

171

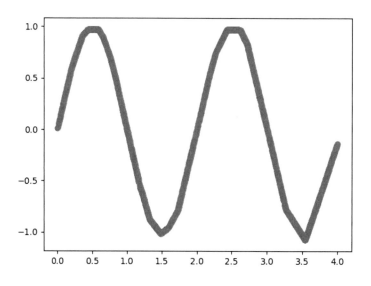

図 22.2　テストデータの予測結果
size = 100000, hidden_layer_sizes=(10,10,10,10,)

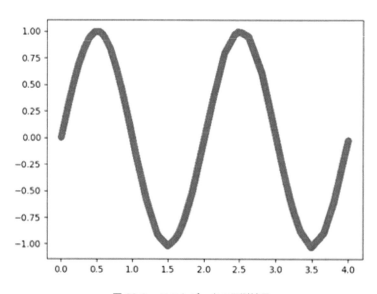

図 22.3　テストデータの予測結果
size = 100000, hidden_layer_sizes=(20,20,20,20,)

B 君：まだちょっとかくかくしているけど，かなりサイン関数っぽくなってきたよね．やらせっ
ぽいのは，例ってことでお許しください．

A さん：たしかにデータを大量につかって学習を行うだけで，サイン関数が作れちゃいまし
たね．

B 君：この例からいえることは，訓練データが大量にあれば，入力から出力を生成する関数を自
動で作れちゃうのが，すごいってことだね．

A さん：遺伝子の発現プロファイルデータから有用物質生産量を予測するとか，化合物の構造から液体クロマトグラムの保持時間を予測するとか，盤面から最善の一手を予測するとか，いろんな応用がありえますよね．

B 君：でも，学習した範囲でしか正確に予測できない．入力 x の範囲を 0〜4 で訓練を行い，x の範囲を 0〜8 に広げてテストすると，こういう残念な結果になる（図 22.4）．

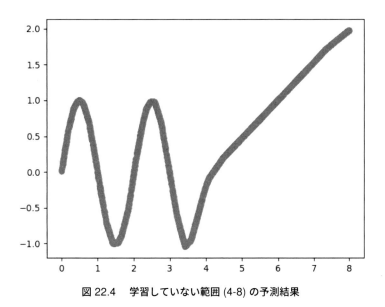

図 22.4　学習していない範囲 (4-8) の予測結果

A さん：学習した範囲以外はわかりません，っていうことですよね．サイン関数の本質をつかんだというよりは，教えた範囲でサイン関数をまねできるようになったということみたいですね．

B 君：あと，どういう仕組みでサイン関数が再現できたのはいまいちわかりにくい．重回帰分析なら各説明変数の係数から，重要な説明変数を同定したりできたけど，ニューラルネットワークでは，ちょっと工夫が必要になる．

B 君：次に判別機を作ってみよう．0 − 9 の数字からなる 10 桁の数列に 1 が含まれていたら 1 を，入っていなかったらゼロ (0) を返す判別機をつくってみようか．

A さん：（しばらくして）できました．前例との違いはデータ生成部分と，sklearn.neural_network. MLPRegressor という回帰用の機能の代わりに sklearn.neural_network.MLPClassifier という判別機用の機能を利用している点です．

リスト 2

```
import numpy,math,random
from sklearn.model_selection import train_test_split
from sklearn.neural_network import MLPClassifier
import matplotlib.pyplot as plt
```

173

```
data = []
target =[]
size = 10000
#データ準備
for i in range(size):
    z = 0
    temp = []
    for i in range(10):
        x = int(random.random() * 10)
        if x == 1:
            z = 1
        temp.append(x)
    data.append(temp)
    target.append(z)
#訓練データとテストデータに分割
X_train, X_test, y_train, y_test = train_test_split(data, target, test_size=0.3)
clf = MLPClassifier(hidden_layer_sizes=(50,50,50,50,))
clf.fit(X_train, y_train) #訓練データでトレーニング
print(clf.score(X_test,y_test)) #テストデータでテスト
```

実行結果（毎回異なる）

```
>0.6413333333333333
```

B 君：データサイズが 10000 で正解率が約 6 割っていうのは悪くないな．つぎは 100000 個に増やしてやってみよう．さすがにこの学習には数分の時間がかかる．

実行結果（毎回異なる）

```
>0.9975333333333334
```

A さん：わ，スゴイ正解率ですね．

B 君：数列の中にある特定のパターンを深層学習で検出できるようになったわけだよね．

A さん：となると，画像データも数列なんだから，レントゲン画像データから病気があるもの，画像から出荷できない野菜を選別する判別機とか，いろんなものを作れそうですね．

22.2　画像を分類

B 君：次は画像の分類をやってみようか．scikit-learn には手書き文字のデータセット digits がついてくる．これを呼び出してみよう．Spyder のコンソール上で入力してみて．

```
In [1]:  from sklearn.datasets import load_digits #digits データセットの読み込みモジュール
In [2]:  digits = load_digits()#digits を読み込み
In [3]:  import matplotlib.pyplot as plt
In [4]:  plt.imshow(digits.images[0]) #pyplot で可視化
In [4]:  plt.show()
```

```
Out[4]:
```

A さん：これは数字の 0 ですね（図 22.5）．

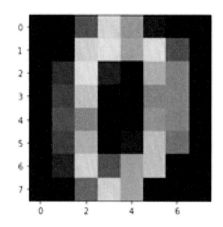

図 22.5. 手書きデータの例
学習にはこれを 1 次元に並べなおしたデータを用いる

B 君：このデータセットには 8 ＊ 8 ピクセルの手書きの数字画像とその正解情報が 1797 セット
ある．これを用いて，手書き画像を 0-9 に分類する判別機を作ってみよう．

A さん：データを読み込んだあと，最後の 3 行はまったく同じになりますね．

リスト 3

```
from sklearn.model_selection import train_test_split
from sklearn.neural_network import MLPClassifier
import matplotlib.pyplot as plt
from sklearn.datasets import load_digits
digits = load_digits()#digits を読み込み
data = digits.data #画像データ
target = digits.target #答え
X_train, X_test, y_train, y_test = train_test_split(data, target, test_size=0.3) #訓練 デー
タとテストデータに分割
clf = MLPClassifier(hidden_layer_sizes=(20,20,))
clf.fit(X_train, y_train) #訓練データでトレーニング
print(clf.score(X_test,y_test)) #テストデータでテスト
```

出力結果（正解率）

```
>0.9666666666666667
```

B 君：ざっと 97 ％の正解率の判別機ができたってことだね．超簡単だろ．

A さん：なんかあっけないですね．ネットにたくさんある深層学習の記事はなぜにあんなに盛り

上がっているんですか？

B 君：今回 hidden_layer_sizes=(10,10,10,10,) と記述したけど，シンプルなニューラルネットワークでは性能に限界があるんだよ．そこで，隠れ層の数を増やしたり，ネットワークの構造を工夫したりすることで，用途ごとの性能を上げる研究が盛んに行われている．というか，今回の例と高度な手法には，ニューラルネットワークの構造くらいしか違いがない．

A さん：訓練データで学習してるだけですもんね．

B 君：たくさんある参考書やネットの記事を参考にちょっと勉強して，最新手法のスクリプトを改造すれば，自分のデータですぐ試せるよ．むしろ生物工学分野の課題は十分な量のデータをどうやってそろえるかだと思うなぁ．

A さん：ほかに注意点はないんですか？

B 君：ある．Anaconda に入っている scikit-learn では高度なニューラルネットワークを扱えない．でも，最新の深層学習モジュールも Python 上で動くので，心配いらない．

22.3　衝撃の次元圧縮法

C 君：先輩！聞いてください！

A さん：C 君しばらく見なかったけど何してたの？

C 君：いろいろあって下宿に引きこもってたんですが，すごいの見つけちゃいました！この手書き文字のデータの主成分分析をするじゃないですか．

リスト 4

```
from matplotlib import pyplot # pyplot をインポート
from sklearn.decomposition import PCA
from sklearn.datasets import load_digits
digits = load_digits()
pca = PCA(n_components=4)#主成分分析準備
score = pca.fit_transform(digits.data) #主成分スコアの計算とグラフの表示
pyplot.scatter(score[:, 0], score[:, 1], c=digits.target)
pyplot.colorbar()
pyplot.show()
#tSNE 法を実施
from sklearn.manifold import TSNE#モジュールインポート
tSNE = TSNE(n_components=2)# tSNE 準備
score = tSNE.fit_transform(digits.data) #スコアの計算とグラフの表示
pyplot.scatter(score[:, 0], score[:, 1], c=digits.target)
pyplot.colorbar()
pyplot.show()
```

C 君：これを実行すると，まず主成分分析（左）と t-SNE（t-distributed Stochastic Neighbor Embedding）という最新の方法（右）で行った次元圧縮結果が出ます（図 22.6）．

A さん：うわ，主成分分析ではぼんやりした分類が，t-SNE ではちゃんと 0-9 の 10 個のクラスターに，はっきり分かれてますね．

C 君：最近はオミクスデータの可視化の論文で，よく使われているみたいですね．

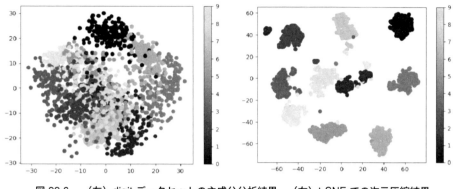

図 22.6　（左）digit データセットの主成分分析結果　（右）t-SNE での次元圧縮結果

B 君：なんでこんなことできるの？

C 君：いま，勉強中なんですけど，元の次元（この場合 64 次元）で距離が近い点が，2 次元でも近くなる確率分布パラメータを探す，ということをしているみたいですね．

A さん：深層学習もすごいけど，次元圧縮やいろんな技術がどんどん進歩しているのね．うまく使いこなして生物工学会で発表しなくっちゃ．

参考文献

[1]　van der Maaten, L. *et al.: J. Mac. Learn. Res.*, **9**, 2579 (2008).

第3部

統計解析の基本を見直そう

第23章　p値とサンプルサイズ

Aさん：先輩！ Nature に「"統計的に有意差なし"もうやめませんか？」という記事が出てたみたいなんですけど．どういうことなんですかね？ [1].

C君：僕もネットのニュースサイトでも見ました．

B君：じゃあC君のデータの解釈を相談しに，X教授のところに行ってみようか．

23.1　p値はあくまで基準の一つ

Aさん：あの，先日の Nature の記事についてなんですが，実際私たちも困っているんです．

X教授：最近特にあの記事が注目されているけど，以前JBBにも類似の指摘が出てたくらいの長年の懸案なんだよ [2].

Aさん：最近C君が物質Pよりも強い細菌の増殖抑制作用を示す物質のスクリーニングを行ったところ，新しく候補になりそうな物質Qが見つかりました．増殖抑制率のデータです（表23.1）.

表 23.1　増殖抑制率

物質 P	新規物質 Q
47	46
48	55
49	54
47	60
46	45

C君：そこでスチューデントとウェルチのt検定（両側）をしてみました．

```
import numpy
from scipy import stats
Pdata= [47,48,49,47,46]
Qdata = [46,55,54,60,45]
t, pvalue = stats.ttest_ind(Pdata, Qdata)
print("Student's ttest pvalue:",pvalue)
t, pvalue = stats.ttest_ind(Pdata, Qdata, equal_var=False)
print("Welch's ttest pvalue:",pvalue)
結果
Student's ttest pvalue:  0.1502866740442524
Welch's ttest pvalue:  0.18255295912949338
```

C君：ということで，p値が0.05より大きいので，有意差なし，この新規物質Qには効果がない，という結論になりました．やっぱり，この物質はあきらめて，他をもっと探す方がいいでしょうか．

X 教授：ふむふむ．それで？

B 君：有意差検定で有意差が出ないなら効果がないんじゃないの？

A さん：統計処理の結果を見ると，そういうことになるけど，何か納得できない．

C 君：基本に戻って手法を確かめたのですが，

帰無仮説 H_0: 増殖抑制率に差はない

対立仮説 H_1: 増殖抑制率に差がある

有意水準 α 0.05

を設定し，p 値を計算する．p 値が有意水準 α より小さい場合は，帰無仮説を棄却して対立仮説を採用する．つまり増殖抑制率に差がある，と結論付けると講義で習いました．

X 教授：では，p 値が有意水準 α より大きい場合はどうするって習った？

B 君：そりゃ，帰無仮説が棄却できないんだから，帰無仮説を採用して「増殖抑制率に差はない」と考えるんじゃないの？

A さん：いや，先生は講義でそうは言っていなかったような気がするんですが．それから，Nature の記事も統計的に有意差なしの解釈に問題があることを指摘する記事でした．

X 教授：その通り．この帰無仮説と有意水準 α を使った検定手法は，フィッシャーが 1935 年に行った偉大な発明だ．まず，有意差があることを「直接示す方法がない」というのが問題だった．そこで，差がないという帰無仮説を棄却するという間接的な方法を発見したのがすごい点だ．帰無仮説が成り立つとすると，観察されたデータはめったに起きない（有意水準 α 以下の確率でしか起きない）はずだから，帰無仮説は棄却できるとした．

一方，この方法の欠点は，結果の解釈が難しいことだ．特に，p 値が有意水準 α より大きい場合の解釈を間違えやすい．「観察されたデータでは，帰無仮説を棄却できない」というのが正解に近いと思う．

B 君：ややこしすぎるのですが‥‥．

A さん：うーんと，実際のデータで確認できるのは，「帰無仮説が棄却できるかどうか」である．棄却できた時は，対立仮説を採用する．

C 君：そこで，棄却できなかった時は，「実際のデータは，帰無仮説を棄却する証拠としては不十分だった」と考えるんですね．

X 教授：さらに，帰無仮説が棄却できなかったからといって，帰無仮説を採用する根拠にはならないわけだ．

B 君：となると，帰無仮説を採用も，棄却もしない．増殖抑制率に差があるか，ないか判断できない．ということですか？　これまた中途半端ですね．

X 教授：有意差検定の結果の解釈が難しいのは，帰無仮説を棄却できなかった時には，「結論が出ない」点にある．要するに，有意差検定で「有意差がない」と結論付けることは原理的に不可能なんだ．が，最近の研究の半分くらいは，ここを間違えて「有意差がない」としていたという報告だ．

B 君：でも，それの何が問題なんですか？

C 君：今回の例でいうと，「新規物質 Q と物質 P の増殖抑制率に差はない」と結論付けるとなに

がまずいかですね．実際は，新規物質 Q に強い活性があった場合，重要な知見を見逃してしまうことになります．

B君：それは，C君の実験がへたっぴなのがよくないんじゃないの？

X教授：Nature の記事の焦点はそこなんだよ．

Aさん：なるほど，データの取得方法に問題があって，有意差を検出できないのだったら，「有意差がない」と結論づけるのは誤りですよね．

23.2　対策1：ばらつきを小さくする

C君：じゃあ，どうすればいいでしょうか？

Aさん：こういう時はばらつきを調べるんでしたよね．箱ひげ図を書いてみましょ（図23.1）．

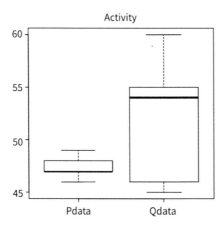

図23.1　C君のデータの箱ひげ図

リスト1

```
import matplotlib.pyplot as plt
Pdata= [47,48,49,47,46]
Qdata = [46,55,54,60,45]
fig, ax = plt.subplots()
ax.set_title('Activity')
ax.set_xticklabels(['Pdata', 'Qdata'])
ax.boxplot((Pdata, Qdata))
plt.show()
```

B君：物質 Q は作用が安定していないから，ダメなんじゃない？　ばらつきが大きすぎるよ．

Aさん：でも，平均値は物質 Q のほうが大きいんですよね．データのばらつきが大きいんですけど．

C君：それで A さんと相談して，結果がばらつく原因を考えてみました．

1. 物質 P は試薬として購入したが，新規の物質 Q は植物から抽出したので不純物が混じって

いる可能性がある.

2. 物質Pは水に溶解して培地に添加した. 新規物質Qは水に難溶だったので, エタノールに溶解して添加した.

3. 実験は, 前半（3回）と後半（2回）を別の日に行った.

4. 実験後半は抽出しなおした新規物質Qを使った.

Aさん：となると, 極力精製した新規物質Qを使って, 1回の実験で, 物質Pもエタノールにそろえて実験をしてみるのはいいかもしれませんね.

X教授：実験のばらつきをまず減らさないとね. 以前, 第3章と第6章で取り上げているので参考にしてほしい. また, Natureの記事では, 薬の効き目について, 今見たのと同じことが起こっていることを例に出している. そして, 有意差がないから"差がない"としている論文が多数存在することも示して, そろそろ有意差という考え方から卒業しよう "Retire statistical significance" と呼び掛けている. そして, 信頼区間を利用しようとしている.

23.3　対策2：反復数を増やす

Aさん：その次は, 実験の反復数（サンプルサイズ）を増やすんでしたよね.

B君：でもなんで, サンプルサイズを大きくするのが有効なの?

C君：t検定の帰無仮説を正確に言うと「2群の平均値に差がない」になります. サンプルから推定する平均値の信頼区間（ばらつき）はサンプルサイズの平方根に比例して狭くなっていきます. なので, サンプルサイズを増やす＝ばらつきが小さくなる＝2群の平均値の差を検出しやすくなる, はずです.

B君：じゃあさあ, たとえばさっきのn＝5のデータを二つつないでn＝10にしてみたりすると, 結果がかわるってこと?

リスト2

```
import numpy
from scipy import stats
Pdata= [47,48,49,47,46,47,48,49,47,46]
Qdata = [46,55,54,60,45,46,55,54,60,45]
t, pvalue = stats.ttest_ind(Pdata, Qdata)
print("Student's ttest pvalue:",pvalue)
t, pvalue = stats.ttest_ind(Pdata, Qdata, equal_var=False)
print("Welch's ttest pvalue:",pvalue)
結果
Student's ttest pvalue:  0.028201668590677034
Welch's ttest pvalue:  0.03922221351324858
```

Aさん：2種類の検定方法でp値が有意水準α0.05より小さくなりましたね. ということは….

C君：この結果はあくまで, 仮想的なものですけど, 今の実験のばらつきのままでも, サンプルサイズを2倍にすれば新規物質Qの有効性を実証できるかもしれない! ということでしょうか?

23.4　対策 3：効果量を使う

X 教授：すこし展望が開けてきたかな？

C 君：はい．急いでラボに戻って実験やり直してみます．

A さん：C 君頑張ってね．あとで見に行くし．

B 君：でも，今回はたまたま 2 倍したらうまくいったけど，事前にサンプルサイズを決めることはできないんでしょうか？

X 教授：できる．というより，やるべきだと思うんだけどね．A さん，平均値の差の大きさと，実験のばらつき（標準偏差）とサンプルサイズが p 値に与える影響を考えてみて．

A さん：表 23.2 でいいでしょうか？　有意差が検出しやすい（p 値が小さくなる）のは，平均値の差が大きく，実験のばらつきが小さく，サンプルサイズが大きいときですよね．

表 23.2　p 値との関係

小	p 値	大
大	平均値の差	小
小	実験のばらつき	大
大	効果量	小
大	サンプルサイズ	小

X 教授：このうち，「平均値の差」と「実験のばらつき（標準偏差）」に注目したのがコーエンの効果量という概念だ．効果量は，平均値の差が大きく，実験のばらつきが小さいときに大きくなる性質がある．表 23.2 にも効果量を記入しておいた．

B 君：C 君がいないので，効果量について，いまネットで調べました．P，Q 2 群のサンプルサイズが同じ時の効果量 d は

$$d = (\text{Q の平均} - \text{P の平均}) / \sqrt{(\text{Q の標準偏差})^2 + (\text{P の標準偏差})^2}$$

で計算できます．もし，P，Q の標準偏差が同じだったとすると

$$d = (\text{Q の平均} - \text{P の平均}) / \text{標準偏差}$$

となりますから，実験のばらつきに対する，平均値の差の大きさの指標ですね．

A さん：実験のばらつきに対する効果の大きさ，という効果量ですね．じゃあ，早速 C 君のデータで計算してみましょう．

リスト 3

```
import numpy
Pdata= [47,48,49,47,46]
Qdata = [46,55,54,60,45]
d1 = numpy.mean(Qdata)- numpy.mean(Pdata)
d2 = numpy.sqrt((numpy.std(Qdata)**2+ numpy.std(Pdata)**2)/2)
```

```
d = d1/d2
print("effect size:",d)
結果
effect size:  1.1249667725023929
```

A さん：効果量 $d = 1.12$ て出ましたけど.

B 君：今調べたところ, コーエンの効果量には正負があります. 正になったのは, Q の平均が P より大きいからです. 効果量の指標として, 小 $|d| > 0.2$, 中 $|d| > 0.5$, 大 $|d| > 0.8$ が提案されていますね.

A さん：ということは, C 君のデータでも新規物質 Q には, 物質 P に比べて十分大きな効果があるといえますね.

X 教授：ときどき, p 値に加えて, 効果量も論文で報告しようという提案があるんだけど, あまり広く受け入れられてはいないかな. 今回の結果は, 私だったら「有意水準 α0.05 の Welch 検定では有意と認められなかったが, コーエンの効果量 d は 1.12 と大きかったことから, 新規物質 Q の阻害効果は物質 P にくらべて高い可能性がある. さらにサンプルサイズを増やすなどの検討を加えることで, より明確な結果が得られると期待される.」くらいにしておくかな.

23.5　対策 4：サンプルサイズを推定する

B 君：じゃあ, サンプルサイズを増やせばいい, ってことでしょうか？ たとえばもし可能だったら n = 1000 とか.

X 教授：でも, むやみに大きくしても実験が大変なだけだよね. 必要最低限なサンプルサイズを把握することが重要だ. 有意水準 α が 0.05 というのはどういうことかというと, 本当は平均値に差がないのに帰無仮説を棄却してしまう誤り（第 1 種の過誤）が 20 回に 1 回は起きるということを示している. 一方, 本当は平均値に差があるのに, 帰無仮説を棄却できない誤り（第 2 種の過誤）が起きる確率を β とする. さらに $(1-\beta)$ を検定力（power）と呼び, 0.8 以上になると良いとされる. で, サンプルサイズを大きくすると

＝＞第 1 種の過誤が起きる確率は減る.
＝＞第 2 種の過誤が起きる確率も減る.

という関係がある. 当たり前だね. 重要なのは, 効果量, α, $(1-\beta)$ の三つが決まると, サンプルサイズが決定するという性質がある点だ.

A さん：たいていは $\alpha = 0.05$, $(1-\beta) = 0.8$ に設定しますから, 要するに, 効果量が決まると, 必要なサンプルサイズも決定できるというわけですね.

X 教授：Python には statsmodels というパッケージがあり, この計算ができる. そこに, もし Python を Anaconda としてインストールしていれば, デフォルトで使える. A さん調べてみて.

A さん："python 検定力 サンプルサイズ statsmodels" で検索すると詳しいページがたくさん出てきました. tt_ind_solve_power に効果量 (effect size), α(alpha) 0.05, $(1-\beta)$(power)

0.8 をそれぞれ入力すればいいようですね.

リスト 4

```
#必要なモジュールのインポート
from statsmodels.stats.power import tt_ind_solve_power
import numpy
Pdata= [47,48,49,47,46]
Qdata = [46,55,54,60,45]
#効果量の計算
d1 = numpy.mean(Qdata)- numpy.mean(Pdata)
d2 = numpy.sqrt((numpy.std(Qdata)**2+ numpy.std(Pdata)**2)/2)
d = d1/d2
print("effect size:",d)
#サンプルサイズの推定
n = tt_ind_solve_power(effect_size=d, alpha=0.05, power=0.8)
print("sample size:",n)
結果
effect size:  1.1249667725023929
sample size:  13.435468718120164
```

B君：C君の実験で有意差検定を行うための適切なサンプルサイズはn = 13 くらいってことか. n = 5 では全然不足していたわけね.

Aさん：ちなみに, この方法を使うと実験のデザインをシミュレーションできます. A = 0.05, $(1-\beta)$ = 0.8 に固定して, 効果量 d を 3 にすると, 適切なサンプルサイズが n = 3 になります. ということは, サンプルサイズが n = 3 のときは,

・実験の標準偏差が 3 のときの t-検定とは、A 群と B 群の平均値の差が 9 以上があるかどうかを検定しようとしている.
・平均値の差が 9 の 2 群の差を検出するには, 実験の標準偏差を 3 以下に小さくする必要がある.

などが言えるってことですね.

B君：よく分かりました. 統計処理の結果は, あくまでも, 議論の補強材料と, サンプルサイズを意識することが大事ということですね.

X教授：このことは, 非常に大事なことなので, 頭のどこかに置いてほしいと思うんだ.

参考文献

[1]　Amrhein, V. *et al.*: *Nature*, **567**, 305 (2019).

[2]　Kawase, M. *et al.*: *J. Biosci. Bioeng.*, **100**, 116 (2005).

第24章　統計処理の落とし穴

　今回が本書の最終章となる．「初心忘るべからず」という言葉があるように，統計の基本である正規分布について，もう一度，考えたい．

24.1　正規分布とは（再考）

C君：正規分布に従うかどうか，どうやって見分ければいいんでしょうか．

B君：やっぱり，Shapiro-Wilk 検定（第 3 回 [1] を参照）みたいな正規性の検定で確かめるしかないんじゃないかな．

C君：なるほど．

Aさん：でも，結局は検定なんで，帰無仮説（正規分布に従う）を採用できるという結果でも，本当の気持ちは「正規分布に従っていないとは言えない」ですよね．

B君：そうなるのかな．

C君：それに，大抵，3 回の実験データで検定を行いますよね．このデータ数，少ないように思うんですが，これで，きちんとした検定になっているんでしょうか．

Aさん：それは，『生物工学会誌』94 巻 8 号 [2] に載っている，この前の連載に検出力の説明があって，そこを読むと分かると思うけど．データの質によって，3 個でもいい場合もあるし，そうでない場合もあるということね．

B君：ただ，この場合も，正規分布に従うという前提条件があるんだったよね．

Aさん：そうでした．

C君：何処まで行っても，正規分布ですね．

Aさん：この際，正規分布って，どんな分布かおさらいしましょうよ．

B君：まず，正規分布は次のような形をしているんだったよね．平均 μ，標準偏差 σ^2 の正規分布 $Z(x)$ は，次の式で表される．

$$Z(x) = \frac{1}{\sqrt{2\pi\sigma^2}}\exp\left\{-\frac{(x-\mu)^2}{2\sigma^2}\right\}$$

x は確率変数の値というわけだ．この分布の特徴は，

1. 平均を中心として左右対称である
2. 変曲点となる確率変数の値が $\mu \pm \sigma$ である
3. $\mu \pm \sigma$ の間に，全データの 68.27 % が入る
4. $\mu \pm 2\sigma$ の間に，全データの 95.45 % が入る
5. $\mu \pm 3\sigma$ の間に，全データの 99.73 % が入る

ということかな．図 24.1 は，平均が 0，標準偏差が 1 の標準正規分布だね．

Aさん：正規分布は，18 世紀前半にド・モアブルによって導入されたんですよね．ド・モアブルは二項分布の近似として，正規分布を考えたようですね．その後，ラプラスにより広められたわけで，ラプラス自身は，実験誤差の解析に正規分布を使ったようですね．19 世紀にはいっ

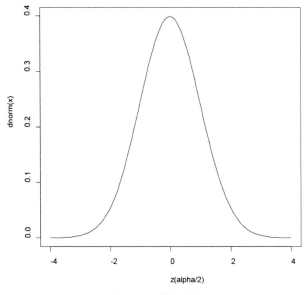

図 24.1　標準正規分布

て，ルジャンドルによって最小二乗法が導入された．ガウスは，三角測量や天体観測の誤差の検討や最小二乗法の中で，正規分布に関する研究を行い，正規分布を広めていいたわけですね．ガウスが，広めたので，正規分布のことをガウス分布と言ったりもすると聞いています．

C 君：正規分布は，ガウスが発見したんじゃないんですか．

B 君：そうなんだ．

A さん：発見の歴史を見ると，誤差の関係で正規分布が使われだしたようなんですが，私たちの使い方が，正しいかどうか，よく分かりませんね．

B 君：X 教授のところに，行ってみようか．

24.2　正規分布の誤解

X 教授：正規分布だが，これを使う根拠となると言われている定理を知っているかね．

C 君：定理ですか？

B 君：確か，中心極限定理でしたよね．

X 教授：さすがだね．中心極限定理と関係する大数の法則を復習しておこう．大数の法則は，「サンプル数を無限大に近づけると，サンプルの平均は真の平均（母集団の平均）に近づく」というものだ．中心極限定理は「サンプル数を無限大に近づけると，サンプルの平均と真の平均との差が，元の分布に関係なく，平均 0，標準偏差 $\sigma/\sqrt{n}$（n：サンプル数）の正規分布に従うようになる」というものだ．

もちろん，両法則とも，サンプルが同一の分布からとられていることを前提としている．何か，気が付かないかな．

A さん：サンプル数が無限大に近いということですか．

B 君：統計の講義では，この辺りは，あまり詳しく聞かなかったような気がするし，普段，統計

処理するときでも，ほとんど気にしていないよね．

C 君：それに，中心極限定理の説明で「サンプルの平均と真の平均との差」ということでしたが
・・・．

X 教授：その通りだ．もちろんサンプル数も大事だが，注目してほしいのは，C 君が気付いた
「サンプルの平均と真の平均との差」という部分だ．サンプルの平均と真の平均（母平均と考
えてよい）の差の分布について，十分サンプル数が多い時に正規分布となるということが言わ
れているんだ．言い換えると，サンプルのグループをいくつも作り，その平均の真の平均から
のズレの分布が正規分布だと言っている．真の平均値を知ることができないから，このような
データをとることは，ほぼできないね．だから，逃げ道として，元の分布が正規分布なら，サ
ンプルの平均の分布も正規分布になるということを利用して，今の，統計処理法が成り立って
いるわけなんだ．

A さん：そうだったんですか．

B 君：まったく知りませんでした．と，いうよりも，確率分布の解説で，何故，こんな大事な話
が，されていないのか疑問です．

X 教授：多分，されているとは思うんだが，重要性が，上手く伝わっていないんじゃないのかな．

A さん：確率分布の解説は，こんな事いらないから早く，計算手法に進んでほしいという気で聞
いていたから，中心極限定理のところなんか，スルーしたんじゃないですか．

B 君：そうかもしれないね．

X 教授：生物分野に限ったことではないが，多くの統計処理を必要とする分野での統計学のとら
えられ方が，統計処理を身につけることに重きを置いているから，一番の基礎となる部分に注
目しなくなっているんだろうね．

C 君：では，正規性の検定は有効なのかどうかという問題は，どうなるのでしょうか．

X 教授：正規性の検定は，データが正規分布に従っているとした場合，そのズレが許容できるか
どうかの検定となるわけだ．検定結果が帰無仮説を採択するとなっても，依然として「第 2 種
の過誤」の確率は残るわけだね．

C 君：第 2 種の過誤？

A さん：帰無仮説が偽なのに，真として採択する間違いで，この確率を β とし，$1-\beta$ を検出力
というんでしたよね．

B 君：この逆で，帰無仮説が真なのに，偽として棄却する誤りが「第 1 種の過誤」で，この確率
が有意水準 α なんだ．

X 教授：その通りだね．今まで，多くの研究や事例の蓄積があり，その中で，正規分布の有用性
も確かめられてきている．品質管理などでは，正規分布が重要な役割を果たしているし，金融
工学の分野でも使われている．有名なブラック・ショールズの式で使われているね．このよう
に，いろいろな分野で重要な正規分布も，生物分野で見ると，少し様子が違ってくるんだ．多
くの現象は正規分布ではない分布に従っているということが分かってきている．たとえば，単
位体積当たりの細菌数はポアソン分布に従っていることが分かっている．生物や社会現象の多
くで，データがポアソン分布に従う事例が見つかってきている．つまり，正規分布が多数派
で，まず，この分布をとるとしておけば，間違いは少ないということではないわけだ．逆に，
正規分布に頼りすぎると，19 世紀の「正規分布万能主義」のままで，時間が止まっているよ

うなものだと言われてしまうね.

B 君：19 世紀ですか.

24.3　データの見方（再考）

X 教授：では，検定結果をどう考えるかということだが．まず，君たちはどう思うかな.

A さん：実際，検定以外に，データの評価法がない現状ですので‥‥.

C 君：でも，今のお話ですと，検定だけに頼れないようなので，他の方法が出てこないといけませんね.

B 君：ベイズ統計に移行するべきなのかなと思いますが.

X 教授：確かに，ベイズ統計というのは，一つのアイデアだね．ベイズ統計にも仮説検定はあるが，今，君たちが知っている仮説検定とは随分と違っている．ベイズ統計に関しては，また，機会があれば，説明することにしよう．ただ，ベイズ統計を使おうとすると，それなりのデータ数が必要となるし，その正当性を評価していくことも必要になる．今，正規分布に従うとして行われた検定の結果を使わず，ベイズ統計で検定を行った結果で議論している論文があったとする．この論文の議論を信じるかな.

B 君：すぐには，難しいと思います.

A さん：私も，信じていいのかどうか，迷うと思います.

C 君：僕も，そうなります.

X 教授：そうだろう．まだ，ベイズ統計が，十分浸透しているとは言えないわけだ．その中で，ベイズ統計を推進するのは重要だが，君たちがすることではないと，指導している先生は言うだろうね.

C 君：どうしたらいいでしょうか.

X 教授：この図を見てもらえるかな（図 24.2）．あるデータ（事例 1 とする）の箱ひげ図だ．このようになっていれば，検定を行うまでもなく，「両者に差があると考えてよい」として議論をしていいと思う.

C 君：そうなんですか．どんな場合でも，必ず，検定をしなければいけないと，言われていました.

X 教授：事例 1 なら，どんな検定でも，有意差が出てくると思うよ．いい機会だから，有意確率（p 値）についても，復習しておこうか．有意確率とは「帰無仮説が正しいとした場合，データから求められる検定統計量以上の値が得られる確率」だ．つまり，有意確率が小さいということは，検定統計量自体も，めったに出現する値ではないということだね．だから，p 値 $< \alpha$ なら，帰無仮説を棄却するということになる．図 24.2 の事例では，絶対に，p 値 $< \alpha$ となると思う.

A さん：それじゃ，図 24.3 のようなときはどう考えればいいでしょうか.

X 教授：おそらく，検定では有意差なしと出るだろうね．だが，C 群の分布が広くなっているが，四分位範囲は狭くなっていることが分かるね．つまり，S 群と C 群では分布が違っている可能性が高い．たとえ，平均の差の検定で有意差がなくても，分布が違えば，両者の属する母集団が異なるので，やはり，違いがないとは言い難いという結論になると言ってもいいわけだ.

C 君：検定をしなくても，データの分布で議論ができるんですね.

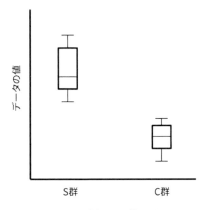

図 24.2　事例 1 の箱ひげ図

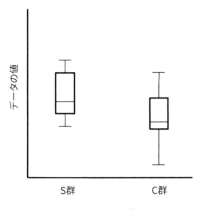

図 24.3　事例 2 の箱ひげ図

B 君：でも，それなりのデータ数が必要になるけどね．

X 教授：何度も言うけど，統計処理の結果は，ある計算法を使った時の，単なる計算結果だ．その結果だけで，議論する危険性も，十分認識する必要がある．

仮説検定で有意差が出たとしても，それは，その計算法での結果で，自分の議論の補強にはなるが，議論の土台とはならない．前回にも，話したが「科学的に考える」ことが，一番重要なんだ．

A さん：データの持っている情報を，もっと活用するように考えないといけないということですね．

B 君：少し，統計との付き合い方が分かったような気がします．

C 君：僕も，そんな気がします．

X 教授：そうだと言って，統計学の勉強をしなくてもいいということではない．統計学を十分知らないと，上手く，付き合えないからね．

24.4　基本統計量の利用

C 君：もう少し，具体的に分かる例はないでしょうか．

X 教授：以前使った iris のデータを使って，基本統計量から，どこまでの議論ができるか，やってみよう．まず，データがあるディレクトリーに移動して，データを読み込む．

```
>>> import numpy as np
>>> import pandas as pd
>>> iris=pd.read_csv("iris.csv")
```

iris のデータには *Iris setosa*（セトナ），*I.versicolor*（バーシクル），*I.virginica*（バーシリカ）の 3 種 50 個体について，sepal（萼片）の長さと幅，petal（花弁）の長さと幅のデータが記されている．

次に種類ごとに分けてデータを読み込む．

```
>>> da=pd.DataFrame(iris)
>>> iriss=da[da['Name']=='Iris-setosa']
>>> irisve=da[da['Name']=='Iris-versicolor']
>>> irisvi=da[da['Name']=='Iris-virginica']
```

各々の基本統計量を求めてみる．
setosa（セトナ）については，以下のようにして出せる．

```
>>> iriss.describe()
```

	SepalLength	SepalWidth	PetalLength	PetalWidth
count	50	50	50	50
mean	5.006	3.418	1.464	0.244
std	0.35249	0.381024	0.173511	0.10721
min	4.3	2.3	1	0.1
25%	4.8	3.125	1.4	0.2
50%	5	3.4	1.5	0.2
75%	5.2	3.675	1.575	0.3
max	5.8	4.4	1.9	0.6

他の種についても，同様に出すことができる．

```
>>> irisve.describe()
>>> irisvi.describe()
```

これらの結果は箱ひげ図をしてまとめられるので，そちらを見る方がいいと思う．他に分布の特徴を示すパラメータに，分布の偏りを示す歪度がある．歪度はその値が小さいほど左右対称の分布に近く，正の値ならヒストグラムにしたとき左に偏っていることを示している．
歪度は，以下のようにして求めることが出来る．

```
>>> iriss.skew()
SepalLength    0.120087,    SepalWidth    0.107053
PetalLength    0.071846,    PetalWidth    1.197243
>>> irisve.skew()
SepalLength    0.105378,    SepalWidth   -0.362845
PetalLength   -0.606508,    PetalWidth   -0.031180
>>> irisvi.skew()
SepalLength    0.118015,    SepalWidth    0.365949
PetalLength    0.549445,    PetalWidth   -0.129477
```

種によって偏り方に違いがあることが分かる．
データの広がりを表すものとして分散以外に尖度を見てもよい．正規分布なら尖度が 0 となる．ただし，尖度が 0 でも，歪度が 0 でなければ正規分布ではない．正規分布より尖った形状の分布なら正の値となる．

```
>>> iriss.kurt()
SepalLength   -0.252689,    SepalWidth    0.889251
PetalLength    1.031626,    PetalWidth    1.566442
>>> irisve.kurt()
SepalLength   -0.533010,    SepalWidth   -0.366237
PetalLength    0.047903,    PetalWidth   -0.410059
>>> irisvi.kurt()
SepalLength    0.032904,    SepalWidth    0.706071
PetalLength   -0.153779,    PetalWidth   -0.602264
```

以上の結果を見ると，分布の形状にかなりの違いがあるように思える．たとえば，萼片の長さを見ると，

	歪度	尖度
setosa	0.120087	-0.25269
versicolor	0.105378	-0.53301
virginica	0.118015	0.032904

となり，分布の歪度は，3 種とも同じようなものであるが，尖度は virginica が他の 2 種と異なっている．このように，分布の形状を細かく見ることで，それぞれの特徴を出すことができる．単に，平均の違いだけに注目するのではなく，分布に注目して議論するのも，一つの方向ではないかと思うが，どうかね．

C 君：よく分かりました.

X 教授：あと，深層学習についても学んだが，これも，どのようなデータで学習させるかが，非常に大事だ. 学習データの良し悪しで，成否が決まるからね. 深層学習も含めて，いろいろな手法があるが，すべて，単なる計算結果に過ぎないことを，忘れてはいけない.

A さん・B 君・C 君：分かりました.

参考文献

[1]　松田史生, 川瀬雅也：生物工学，**97**, 522 (2019).

[2]　松田史生, 川瀬雅也：生物工学，**94**, 510 (2016).

まとめ

　本書では，統計処理をどのように考えて使えばいいのかを述べてきたつもりである．他書とは，ずいぶん違うと感じた読者もいらっしゃると思う．統計処理の結果を無条件に信じて，折角，意味のある結果が出ているのに見過ごしてしまうような事態が起こることのないようにと願って，機会のあるごとに「**統計処理の結果は，単なる計算結果である**」と述べてきた．この二人は，どのように感じているだろうか．

Aさん：先輩，ずっと統計を勉強してきて，一つ疑問があるんですけど．
B君：どんなこと？
Aさん：統計って，実験データの処理ではよく使うんですけど，他にどんな時に使われるんですか．
B君：例えば，ネット通販のおすすめ品の表示とか，選挙速報の当選確実とか，ウィルスの感染者数の予測とか．
Aさん：ネット通販は最近でしょう．もっと前から使われている生活密着型のものってないでしょうか．
B君：何かあるかな？

そこで，二人はX教授を訪ねることにした．

X教授：生活密着と言えるかどうか分からないが，前から品質管理で統計的な方法が使われている．図1の管理図と呼ばれている方法だが．

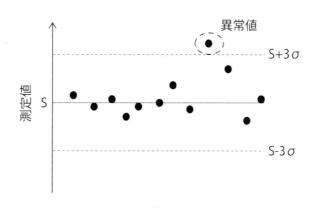

図1　管理図の例

　縦軸は，品質の関係する測定値，Sは規格で決まった値（平均値の時もある），σは，規格に合ったものから求められた標準偏差だ．誤差が正規分布に従うことが知られているので，$\pm 3\sigma$の区間には99.7％のデータが入るとみていいわけだ．
　この図の各点は測定値だ．1点だけ$S + 3\sigma$を超えているね．この点に相当する製品（または

ロット）が規格を外れているわけだ．このようにして，規格を外れていないかを見つけようとしているわけだ．この方法は，血液検査の測定装置などの検査装置がきちんとした値を出しているのかどうかを確認する際にも使われている．

A さん：統計は統計ですけど，簡単ですね．

B 君：でも，基準が決まっているから，出てきた値で簡単に判断できるのがいいですね．

X 教授：本当にそう思う？

B 君：どういうことですか．

X 教授：では，次の図を見てもらおう．

図2は，規格の範囲に入っているが，測定値が増加する傾向にある場合だね．図3は，測定値がある周期をもって変動している場合で，図4は，かなり短い周期で変動，振動と言ってもいいと思う状態だ．図5は途中で，階段状に測定値が増加している．図2〜5のどの場合もS±3σの区間に入っている．どう思うかね．

B 君：規格の中にあるので，問題はないと思います．

A さん：でも，データの変化の仕方が，少し気になるところもあります．特に，図2とか5は．

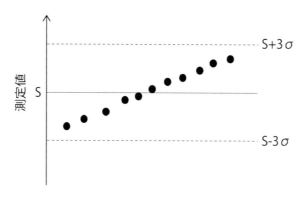

図 2　異常のある例 1

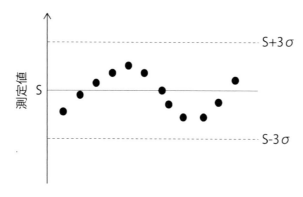

図 3　異常のある例 2

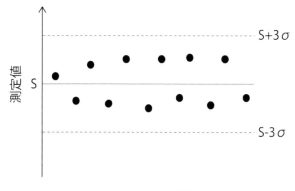

図 4　異常のある例 3

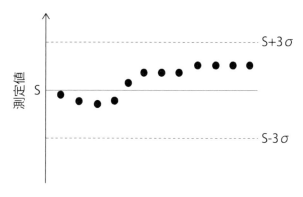

図 5　異常のある例 4

X 教授：図 2〜5 は全部，異常と判断される事象だ．S±3σ の区間に入っているからと言って，単純に異常なしということにはならないわけだ．品質というのは，製品の信頼性や，売上，そして，安全にも大きく関わるので，データの変化の様子を注意深く見て，以上の兆候を知ることが重要なんだ．

つまり，統計的な区間（S±3σ）は，あくまでも基準の一つで，これだけで判断をできるものではない．データの変動や実測値などを総合して判断するものなんだ．ここでも，統計を盲目的に信じてはいけないということ分かるね．

B 君：反省します．

A さん：統計に，どう向き合うといいか，また，分からなくなってきました．

X 教授：分からなくなるのは，統計処理の結果が，実験結果の解釈や判断で大きなウェイトを占めているからではないかな．生物に関わる多くの分野が，結果の解釈を統計処理結果をよりどころとした議論を行ってきたからね．だが，ここまでの話で，統計処理結果が他を圧倒するよりどころとなるほどのものではないことが分かったのではないだろうか．つまり，統計処理結果は，データを考える際，いくつもある参照資料の一つだと考えればいいのではないかな．

A さん：ようするに，統計処理結果を，ものすごく重要なもの，特別なものと考えない方がいいということですね．

X 教授：そういうことだね．

B 君：何とかまとまったみたいですね．ところで，前から聞こうと思っていたんですが，先生の専門は何ですか．この部屋に，統計学の本はあまりないんですが．

A さん：でも，統計のついた本はありますよ．そこに，「統計力学」とか「量子統計力学」とか．

X 教授：少し時間がかかるけど，説明しようか．

A さん・B 君：遠慮します‥‥．

索引

編者紹介

公益社団法人 日本生物工学会

日本生物工学会は、「大阪醸造学会」「日本醸酵工学会」を前身とする、100年の伝統と歴史をもつ学会。約2,700人の個人会員と約220の団体会員、賛助会員からなり、産官学が協力して世界のバイオテクノロジーをリードする学会として、会員相互の交流と社会への発信、産業への応用を目指して活動を行っている。

著者紹介

川瀬 雅也 (かわせ まさや)

長浜バイオ大学バイオサイエンス学部・教授
1990年 京都大学大学院工学研究科修了
香川大学教育学部、大阪大学大学院・薬学研究科等を経て、2008年より現職
現在の研究分野：物性論、化学情報
【著書】
例題で学ぶはじめての無機化学Ⅰ（各論・錯体編）、技術評論社（2020）（分担）
例題で学ぶはじめての無機化学Ⅱ（溶液・固体編）、技術評論社（2021）（分担）
など
【翻訳】
演習で学ぶ物理化学 基礎の基礎、化学同人(2021)

松田 史生 (まつだ ふみお)

大阪大学大学院情報科学研究科・教授
2002年 京都大学農学研究科博士課程修了
理化学研究所、神戸大学を経て2017年より現職
現在の研究分野：代謝工学

◎本書スタッフ
編集長：石井 沙知
編集：伊藤 雅英
図表製作協力：菊池 周二
組版協力：阿瀬 はる美
表紙デザイン：tplot.inc 中沢 岳志
技術開発・システム支援：インプレスNextPublishingセンター

●**本書の内容についてのお問い合わせ先**
近代科学社Digital　メール窓口
kdd-info@kindaikagaku.co.jp
件名に「『本書名』問い合わせ係」と明記してお送りください。
電話やFAX、郵便でのご質問にはお答えできません。返信までには、しばらくお時間をいただく場合があります。なお、本書の範囲を超えるご質問にはお答えしかねますので、あらかじめご了承ください。

生命科学・生物工学のための
間違いから学ぶ実践統計解析
R・Pythonによるデータ処理事始め

2021年12月17日　初版発行Ver.1.0
2024年1月31日　Ver.1.1

編　者　公益社団法人 日本生物工学会
著　者　川瀬 雅也,松田 史生
発行人　大塚 浩昭
発　行　近代科学社Digital
販　売　株式会社 近代科学社
　　　　〒101-0051
　　　　東京都千代田区神田神保町1丁目105番地
　　　　https://www.kindaikagaku.co.jp

印刷・製本　京葉流通倉庫株式会社
Printed in Japan

ISBN978-4-7649-0678-5

近代科学社 Digital は、株式会社近代科学社が推進する21世紀型の理工系出版レーベルです。デジタルパワーを積極活用することで、オンデマンド型のスピーディでサステナブルな出版モデルを提案します。

近代科学社 Digital は株式会社インプレス R&D が開発したデジタルファースト出版プラットフォーム "NextPublishing" との協業で実現しています。